未读 ADR | 探索家 |

宇宙探险家奥利弗的“屁屁危机”

OLIVER'S GREAT BIG UNIVERSE

奥利弗的爆笑校园科学漫画

[巴拿马]
豪尔赫·陈——著
刘晗——译

JORGE CHAM

贵州出版集团
贵州人民出版社

图书在版编目（CIP）数据

宇宙探险家奥利弗的“屁屁危机” / (巴拿马) 豪尔赫·陈著 ; 刘晗译 . -- 贵阳 : 贵州人民出版社 , 2024.6

(奥利弗的爆笑校园科学漫画)

书名原文 : Oliver’ s Great Big Universe

ISBN 978-7-221-18277-7

I. ①宇… II . ①豪… ②刘… III . ①宇宙—少儿读物 IV . ①P159-49

中国国家版本馆 CIP 数据核字 (2024) 第 068293 号

贵州省版权局著作权合同登记号 图字：22-2024-046 号

YUZHOU TANXIANJIA AOLIFU DE PIPIWEIJI

宇宙探险家奥利弗的“屁屁危机”

[巴拿马] 豪尔赫·陈 / 著
刘晗 / 译

出 版 人　朱文迅
选题策划　联合天际
责任编辑　陈田田　杨进梅
特约编辑　王羽翯　南　洋
封面设计　左左工作室
美术编辑　程　阁　梁全新

出　　版　贵州出版集团　贵州人民出版社
地　　址　贵州省贵阳市观山湖区会展东路 SOHO 公寓 A 座
发　　行　未读（天津）文化传媒有限公司
印　　刷　大厂回族自治县德诚印务有限公司
版　　次　2024 年 6 月第 1 版
印　　次　2024 年 6 月第 1 次印刷
开　　本　880 毫米 ×1230 毫米　1/32
印　　张　7.375
字　　数　120 千字
书　　号　ISBN 978-7-221-18277-7
定　　价　49.80 元

关注未读好书

客服咨询

本书若有质量问题，请与本公司图书销售中心联系调换
电话：(010) 52435752

献给全宇宙最棒的妈妈

——奥利弗敬上

目录

第一章

来自宇宙的伽马射线

我知道你在想什么。像我这样一个普普通通的 11 岁小屁孩有什么资格给你们讲宇宙的故事呢？

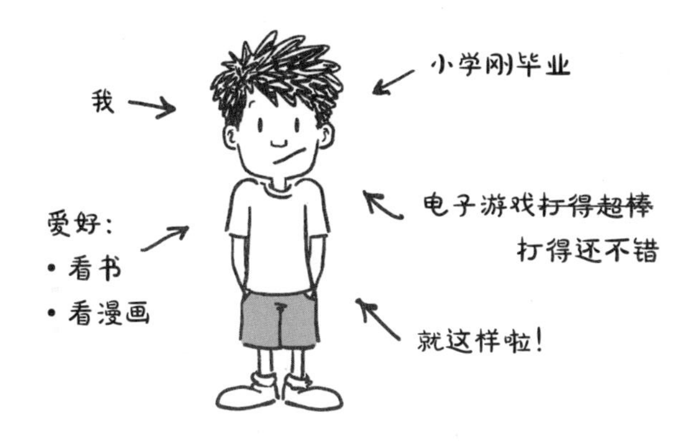

我是个知名科学家吗？不是。

我是个万事通小天才吗？也不算是。

肯定有比我聪明的孩子。就拿克里斯托弗来说吧，有一次学校办达人秀，他只花了12.7秒就复原了一个魔方。还是蒙着眼睛拧的。

再说说祖比。有一次老师让大家写三页随堂作文，主题不限。她把整个美国大革命的战争史都讲了一遍。

其实，我们班的天才真不少。

佐伊·C.

上一届足球队队员

马特罗·S.

画画超棒

盖比·M.

班长

斯文·P.

能把胳肢窝当乐器演奏

我呢？这么说吧，连校长都知道我的尊姓大名。同龄的孩子没有谁比我进校长办公室次数更多的了。

好啦，跑题了。“跑题”这词儿真是贴切，我就是经常分心嘛。等你再往后翻看这本书，就能感受到了。

有时候我正溜着号儿呢，还能再溜号一次。就像现在，我本来应该练钢琴来着，可我却在写这本书。但其实我也没在写书，因为我刚写了一会儿，又去看漫画了，这一看就是15分钟。

回到正题。我有时也会很专心，尤其是小学最后一年期末的一天，那是个特别的日子，我相当上心了。

霍华德“医生”的讲座

整整这一学年，霍华德老师（我们班的女老师）请了许多大人来给我们讲他们的工作。就像有一次邀请了德文的爷爷，他说他是一名地质学家。你知道吗，人真的可以用一辈子来研究岩石。

还有一次邀请了亚历杭德罗的妈妈，她给我们讲了兽医的

1　英文里，“艰难”和“坚硬”是同一个词“hard”。——译注

工作，也就是给动物看病，还给我们看了很多照片，都是她治好的宠物，可是那些宠物受伤或是生病的照片太恶心了，尤其还是在午饭后看的，那场面简直糟糕透了。

话说回来，那年快期末的时候，霍华德医生来到教室，给我们讲他的工作。一开始，我还想着他跟我们老师一个姓，都姓霍华德，还挺巧呢。后来我才发现，原来他们是夫妻。这件事让我惊掉了下巴。

老师也是人哪！

（惊天消息）

老师：

- 不是机器人（也不是外星人）
- 他们也有家庭，有正常人的生活！
- 没准小时候也看过漫画书呢（现在可能也看呢！）
- 也有一定可能性是外星人（我说不准他们是不是）

霍华德医生给我们讲了**伽马射线**。我这才知道，原来他不是个普通的医生。我之前有个朋友叫何塞（后面会详细介绍他），他爸妈是医生，负责给病人做检查或者摘除扁桃体之类的身体组织。而霍华德医生是一名科学医生——或者叫“博士”。

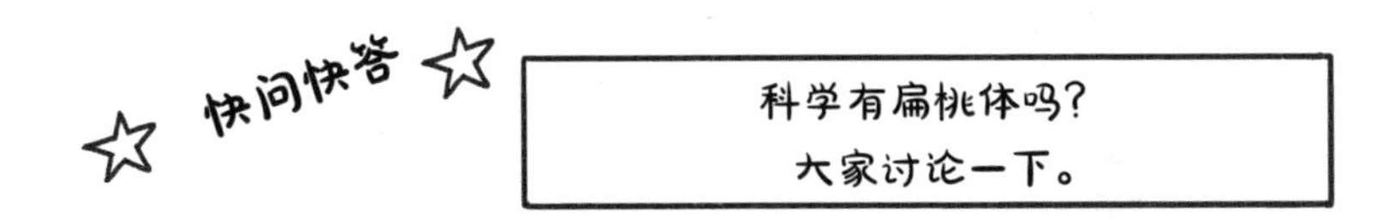

按照霍华德博士讲的，伽马射线是一种来自太空的光。有时恒星爆炸就会发出这种光，伽马射线又亮又强，要是击中地球，绝对会把我们彻底炸焦。

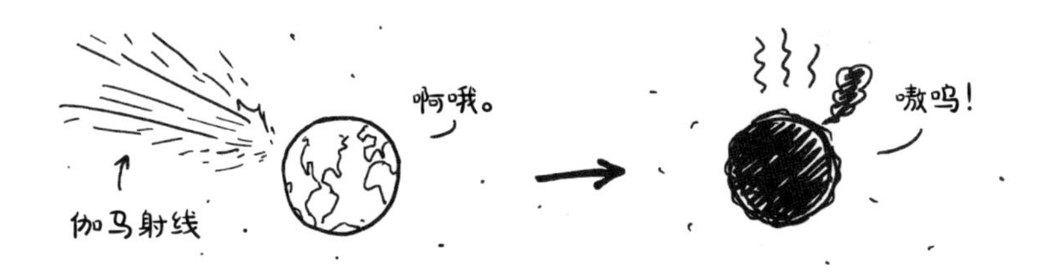

嘭——就这样。伽马射线会吹走地球上所有的空气，把世间一切事物统统炸成薯片。

然后，霍华德博士又说，伽马射线特别酷。假如这种射线没有直接击中我们，或者它的能量没有那么强，它其实可以告诉我们很多关于宇宙和其中万事万物的信息，比如恒星、黑洞，甚至其他行星上是否存在生命。

那一刻，我突然发现：我长大后想成为一名天体物理学家。没错，就是这种科学博士。

像霍华德博士一样，他就是天体物理学家。我是说，我长大后可能当不了知名足球运动员，也赢不下什么艺术大赛，但或许我能像霍华德博士一样，去研究宇宙。

没错，这个太适合我了！仰望星空，弄清楚宇宙中所有恒星和星系究竟是如何运转的，行星是如何相互撞击的，外太空的外星人离我们有多远。对！！总有一天我会成为天体物理学家——奥利弗博士。

嗯……或者去当一名演员吧。这是我的另一个职业目标。我从来没演过戏剧，也没演过电影，但我很擅长模仿不同地方的方言。比如说，我能讲一口相当棒的苏格兰话。

这不禁让我开始思考：关于宇宙，还有什么是我不知道的呢？太空中还有什么很酷的东西？事实证明，太多太多啦。霍华德博士说，宇宙巨大无穷，里面充斥着各种稀奇古怪的东西，比如：

外星人（可能存在）：霍华德博士认为，这么多行星呢，上面肯定有其他东西，至少得有外星人。想想看，要是有一天我们遇到了外星人，会是什么样子。

黑洞：黑洞是宇宙中的一种深洞，进去就出不来了。想象一下，外面大雨倾盆，你窝在软乎乎的大沙发里，就是那种感觉。

看不见的物质：霍华德博士说，宇宙中有各种各样看不见的物质，大到星系体量的团块，小到每时每刻都从我们身体穿过的超小粒子。

我告诉霍华德博士，我计划当一名天体物理学家，当然，想都不用想，他**相当**激动了。

好吧，我确实磨了他好一阵，但最后他还是说可以多教我点东西。之后，我又有了个绝妙的点子：我要把它们都写下来，写成一本书，讲给**其他**孩子听。我想啊，把学到的知识给其他人（就像你们啦）讲清楚，有什么学习方法能比得上这种呢？我老爸平常就总这样说：“想把一件事情弄清楚，最好的办法就是解释给别人听。”不过他在半数情况下都是颠三倒四的。

谁知道呢，没准你看完这本书，也会想当一名天体物理学家呢（也没准想当个演员吧）。

此外，要是哪天你真碰上外星人了，而且他们就想跟你聊聊宇宙的事呢？我猜啊，我们跟他们相通的地方应该不会太多。我是说，他们看的电视节目跟我们的应该不一样吧，漫画书也不一样。所以呢，万一碰上外星人，你就该庆幸看过这本书啦，至少还有能跟他们讲讲的东西。

不然，那可就太尴尬了。

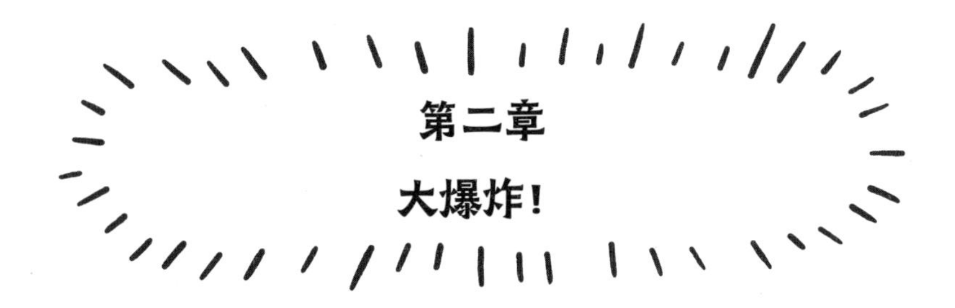

第二章

大爆炸！

好啦，言归正传。关于宇宙的故事，我还是从头开始讲起吧。

还记不记得在学校，每逢大集合或者办活动的时候，老师会让大家站得紧凑一点，你是不是觉得挤得要命，快要爆炸了？

举个例子，我刚跟霍华德博士见面不久，就陷入了一场“拥挤”事故。怎么个拥挤法呢，就是我上小学那会儿大家从狭窄的走廊一路穿到食堂的情景。午饭铃声一响起，那个地方总是拥挤不堪。而且在那个特殊的日子，拥挤情况尤为严重，因为那天是周五的薯饼日，史蒂维·罗泽奇还一直对那薯饼抱怨个不停。

史蒂维抱怨说餐厅提供的食物总是老一套。但是那天，食堂的陈大妈根本就不买账。

话说回来，我们全都在走廊里挤着，等啊等，拥过来的学生越来越多。走廊越来越闷，越来越热，薯饼的味道从餐厅飘

进来，越来越浓郁。大家都饥肠辘辘，人群逐渐骚动起来。

迄今为止一切还不算太糟糕，直到罗杰·钟口里突然蹦出四个致命大字：

然后就——爆炸了。

大家四散而逃，速度之快我甚至来不及喊一句："谁闻见了？把它吸干净！"一瞬间，谁还管薯饼的事啊。

好了，记住这张图，这就是宇宙最初的样子。不过，宇宙并不是从一个屁开始的，而是从一场爆炸开始的。

霍华德博士说，宇宙最初形成的时候，我们现在能看到的所有物质，所有恒星、行星、小行星、星系等，都紧紧地挤在一起。到底有多挤呢？想象一下，把刚才说的所有东西都压缩到比下面这个小点儿还小的空间里：

我知道你们很难相信，我们现在所熟知的宇宙中的所有东西怎么能被压缩得那么小呢？但事实就是这样。

而且，更夸张的是，霍华德博士说，我这个小点儿还画大了呢，实际上的小点儿要比这个再小上一百万倍。只可惜，我没有比这个还细的马克笔了，所以你们只能发挥自己的想象了。

然后，宇宙爆炸了。上一秒，宇宙紧紧地挤在一起，下一秒，嘭！就变成了巨巨巨大的宇宙。

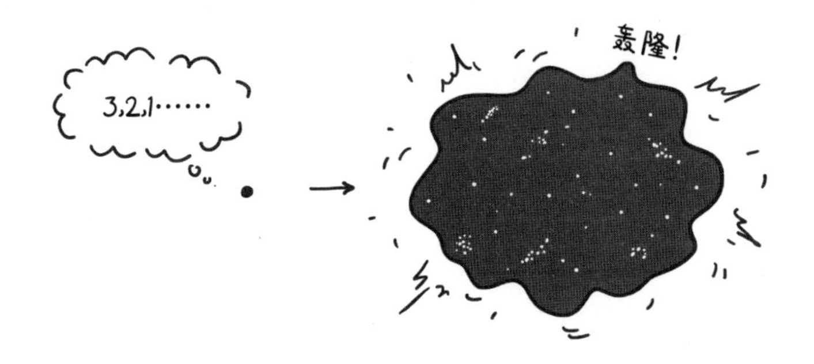

霍华德博士说，这个事件发生于大约140亿年前（14 000 000 000年前，你要是喜欢数零，我就都写出来），这可是很久很久以前的事了。我查了一下，恐龙大概是2.4亿年前（240 000 000年前）才出现的，这样看来，宇宙大爆炸比恐龙出现的时间早太多太多了。

我知道你现在在想什么。我们怎么知道那么久以前发生的事呢？我甚至都记不住我两周前做了什么！

接下来，霍华德博士说的话让我大为震惊。他说，我们知道宇宙一开始发生了爆炸，是因为它现在**还在**爆炸呢。啥？？？

他说，如果你用望远镜把天空中所有星系（星系是大群恒星的集合体，就像我们现在所处的银河系就是一个星系）都看一遍，就会发现一个相当诡异的事情：所有星系都在逐渐远离彼此。

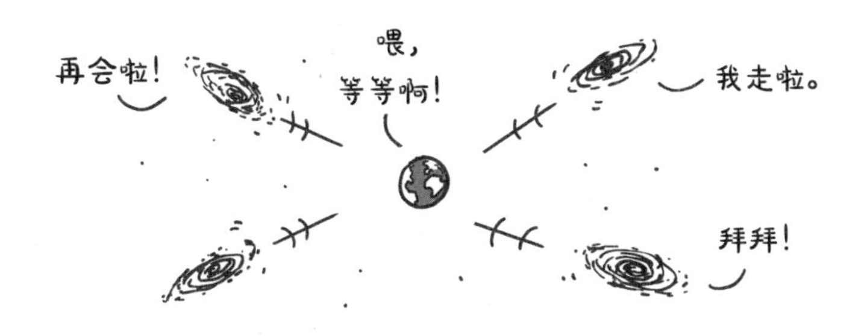

我们接着说，如果你看到一大堆星系逐渐远离彼此，是不是就会想到，它们一开始在某个时刻会不会是在一起的？科学家最初就是这样想到这个理论的，他们觉得宇宙一度紧紧地挤在一起。

就像那天的走廊事件，我想象着，要是我们的老校长纳罗博士来到走廊，看到一大群孩子四散而逃的情景，大概也是这么想的吧。

有趣的是，宇宙至今仍在爆炸中，只不过没有过去那么剧烈了。据霍华德博士所说，大部分爆炸事件发生于宇宙诞生的第一秒，这就是为什么大家把宇宙之始叫作“大爆炸”（Big Bang）。

霍华德博士说，他也觉得“大爆炸”这个名字起得不怎么样，因为从技术上讲，宇宙并没有真正“爆炸”。按照他的意思，空间本身迅速变大。可是我觉得“大爆炸”这个名字挺酷的。谁不想生活在**爆炸空间**里呢，是吧？

我问霍华德博士，空间自己怎么变大呢？他说，按照我的

构想，那个场景不是一大堆学生从拥挤的走廊跑开，而是这个走廊突然变大了：

这基本上就是宇宙刚诞生时的样子了。所有东西都挤得不能再挤了，然后在1秒钟的时间里，空间突然急剧膨胀变大，所有星系都散开了，整个场地看上去便显得很空旷了。

好吧，我又知道你在想什么了。你肯定在想：这才不是宇宙的“最初”时刻呢！在此之前，宇宙是什么样子的？我完全明白你的意思：宇宙如何“发端”？在大爆炸发生前，宇宙是什么？

我也是后来回家才想到这个问题的，于是我给霍华德博士发消息：

霍华德博士，你好呀！我有个问题：如果说宇宙始于大爆炸，那大爆炸之前是什么情况呢？

你从哪儿弄到我电话的？

噢，霍华德老师给我的。

她给你的？

嗯哼，她说给你安排点事儿挺好的。

霍华德博士给我的解释相当精彩。他说，没有人知道大爆炸之前发生了什么！那场宇宙大爆炸是我们至今所能了解到的最早的事情了。

霍华德博士说，有两个理论大概能解释这个问题：

1号理论：时间本身始于大爆炸。也就是说，大爆炸之前什么都没有，因为就没有“之前”这个说法。这种问法就好比在赛跑的时候问人家：“比赛开始之前，这场比赛是什么样子的？”答案肯定是“啥也没有”，因为这场比赛开始之前就没有比赛呀！

2号理论：在我们所处的这个宇宙之前，还有另一个宇宙。霍华德博士说，我们的宇宙可能来自另一个逐渐紧缩的宇宙，还有一种可能，我们的宇宙是由另一个宇宙“生”出来的。

没有人知道真相是什么！或许我们永远都无法知道真相。这就像让你去回忆在你出生之前都发生了什么事情。你没法回忆呀，因为你根本就没出生！（不过我估计我出生之前，生活肯定无聊得不得了。）

不管怎么说，一想到我们的宇宙真的“有”起点，还是挺酷的。这样一来，所有的事情都联系起来了。你看啊，宇宙并不是永恒存在的，它也曾经是小小的，现在长这么大了，而且还在不停地长大呢。有没有感觉很熟悉?

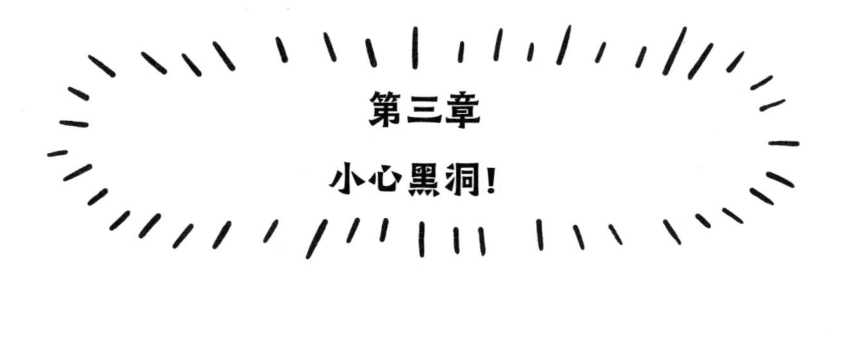

第三章

小心黑洞!

我的暑假过得还不错。直到那天，我卡进了沙发里。

事情是这样的：还有两周暑假就结束了，我该上初中了。我爸妈想在假期的最后一周，来一场家庭自驾游。也就是说，属于我的暑假只剩最后一周了。

我承认，过去几个月我一直无所事事，因为这是我最后一次可以完全放松、尽情休息的时间了，我想让它过得有意义。我还列了个计划表呢。虽然这个表列得简单了一点儿：

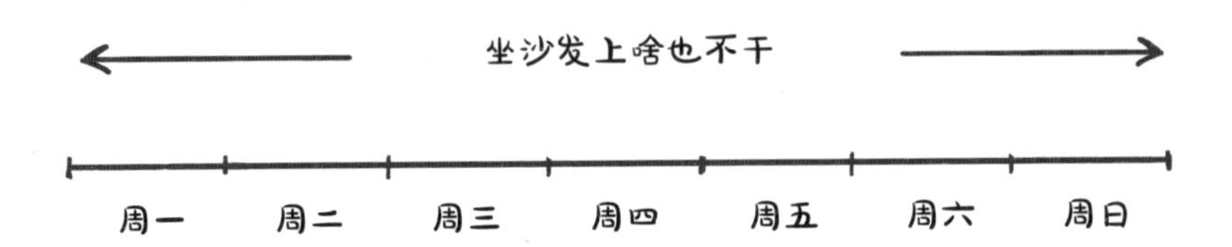

没错，我的计划就是一整周都窝在沙发里无所事事。我老爸总想让我干点啥事，也不是不行，但他得讲出道理啊。

我当然不是想啥也不干了。我列了个单子，都是我在大沙发里躺着的时候能做的大事：

在沙发上要干的事：

- ☐ 打电子游戏
- ☐ 看书
- ☐ 再多打几个游戏

大家都说自己知道“无所事事”是什么意思，但他们做的其实都是些有意义的事儿，比如想想要干什么家务活儿，要么就是后悔自己怎么没把这些活儿早点干完。我对于“啥也不干”的观点还是挺严肃的。

我家的沙发相当适合“无所事事”。它绝对够老。我还没出生呢，我爸妈就买了这个沙发。他们说要等我和我妹妹18岁之后再换新沙发，因为我俩总是把东西扔得到处都是，把家里弄得乱糟糟的。

我坐下来，把书和电子游戏摆好，开始执行计划。

刚坐下，我又想到，万一我饿了怎么办？啥也不干也要消耗不少能量呢，我可不想过会儿再起身了。于是，我去厨房拿了点零食小吃，又坐了回来。

可是我又开始想：要是我拿的书看完了怎么办？漫画书是好看，但不一会儿就能看完，就算看个十遍二十遍，也用不了多久。于是，我又起来拿了几本书，拿完又回来坐下。

这时候，我坐着的这块儿摆得已经有点满了，但我还是想再拿些毛绒玩具啊、手提电脑啊、平板啊、饮料啊一堆东西过来，而现在再想从沙发上起身已经有点困难了。

好在我妹妹维罗尼卡刚巧从我旁边经过。

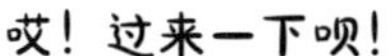

维罗尼卡比我小3岁，我们相处得很融洽。我听我妈妈跟别人说过，我俩在大约80%的时间里都能友好相处。要是非让我评个级的话，我给我们的兄妹关系打个B吧。

只可惜，那天正好属于我们相处不和谐的20%的时间，因为在我让她帮忙拿点东西时，她说她“忙得很”。

最后我还是不得不贿赂她一下。我说，她每给我拿一样东西，我就给她一块钱。事实证明这个主意又烂又破费。她接受了我的提议，不仅把我要的东西都拿来了，还拿来了些别的：我的魔方、1加仑（约3.8升）牛奶、射箭装备、我的卡片集、棒球棍……甚至还把老爸的保龄球也拿来了！

她拿了这么一大堆东西，我把接下来三周的零花钱都欠给

她了。不仅如此，沙发垫压得快沉底了，我感觉我屁股都快挨着地了。

我就是这么卡到沙发里的。我感觉我可能再也出不去了，于是给爸爸妈妈写了遗言，告诉他们我把奶奶的宝贝花瓶给打碎了，真的很过意不去。他们可能还没注意到这花瓶已经碎了呢，因为我拿口香糖和小熊软糖把它粘起来了。不过，天热的话估计就要露馅儿了。

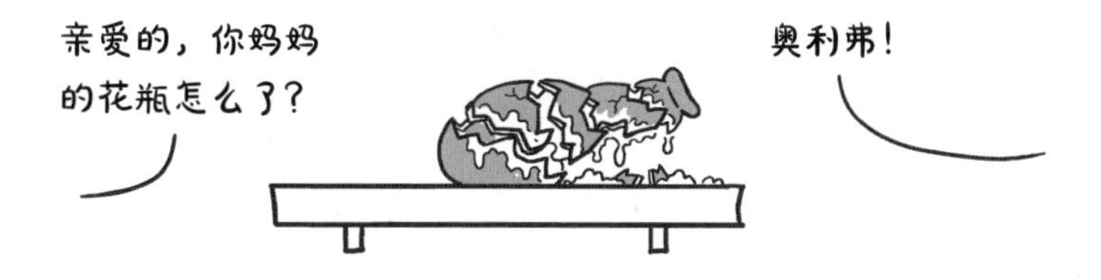

所以，我卡在沙发这件事和黑洞有什么关系呢？其实，卡在沙发里跟卡在黑洞里有很多相似之处。

黑洞是什么呢？我很高兴你能问出这个问题。

黑洞是宇宙中一个相当酷的存在。它们的名字说明了一切：这是一种洞，而且还很黑。听起来很简单，但关键在于，它们不是什么东西“上面”的洞（比如你的破裤子或瑞士干酪上的洞洞），而是存在于**宇宙自身**的洞。

要说宇宙里有个洞，这事挺奇怪的，但事实如此。正常的洞，我们从它上方看才像一个洞，可要是从侧面去看一张桌子上的洞，就看不到它了，或者看到的就不像是个洞。

然而，黑洞不论从哪个方向看起来都是个大圆洞。

挺怪的，对吧？

它们之所以叫洞，是因为东西可以从洞口掉进去。比如说你扔块石头，或者把你妹妹的自行车扔到黑洞里，这些东西都会掉进去，然后……消失无踪。咚，就这么一下子，再也见不到那块石头或者那辆自行车了。

还有个奇怪的事：你往里面扔的东西越多，这个洞就变得越大。这就是黑洞的运作原理：一开始洞里有点东西，这些东西会导致更多东西掉进去，这样洞就变大了，洞越大，掉进去的东西越多，这个洞就更大了，以此类推……

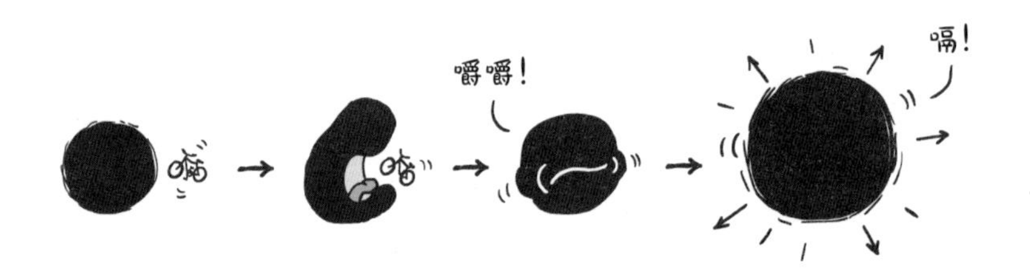

霍华德博士说，宇宙中到处都是黑洞。许多黑洞位于星系的中心，这种黑洞超级大。比如说，在我们银河系的中心就有一个黑洞，宽度大概有2400万千米。整个澳大利亚大陆的东西宽度也只有4000千米，足见这个黑洞有多**大**了。

（如果你们国家一般用英里表示距离的话，1 千米约略大于半英里。）

为什么霍华德博士会给我讲黑洞呢？因为一周前，我跟他说，自己对即将开始的初中生活感到紧张，甚至有点恐惧。我不知道你能否理解这种心情，但是上初中不是说去一个新学校而已，这是一种完全不同的学校。小小的学校里挤了那么多学生。

霍华德博士说，初中就有点儿像黑洞。没有人真正知道当你进入黑洞时会发生什么。不过，很可能掉进去之后就会被撕成碎片，而且可能再也出不来了。我跟他说别讲这样的话了，这对抚平我的情绪一点作用也没有。

他又说，黑洞最酷的地方恰恰就在于你不知道里面到底有什么。科学家猜想，黑洞里大概藏着宇宙运行机制的答案。

霍华德博士说，有的科学家甚至认为，黑洞里可能还存在着其他宇宙空间。每个黑洞的内部都可能有一个自己的宇宙，里面蕴含着星系和恒星，甚至可能有自己的生命形式。其实，我们所处的宇宙没准就藏在另一个宇宙空间中的某个黑洞里。搞不好就有一个像你一样的小孩，在那个宇宙中望着黑洞，思考着“我们”是否存在其中呢！

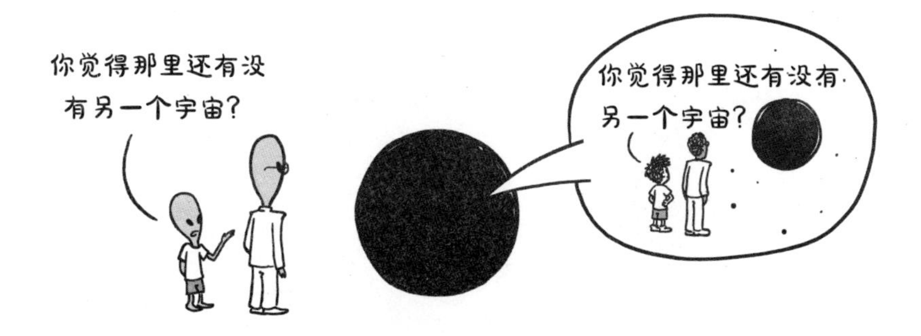

我想，霍华德博士的意思大概是，有时候事情看起来挺大、挺吓人的，但等你对它真正有所了解后，可能就会觉得它还挺有意思、挺吸引人的。就像上初中一样：等待我的新黑洞可能不算是完全未知的，或许我能在那儿交到新朋友，学到些有趣的东西呢。

言归正传，回到我的沙发事件。卡进沙发里的时候可别想着黑洞，因为想着想着又想到厕所了。

你可能会提一个问题，太空本身就是黑色的，我们怎么能看到太空中的黑洞啊？！

你能看到黑洞在哪儿吗？

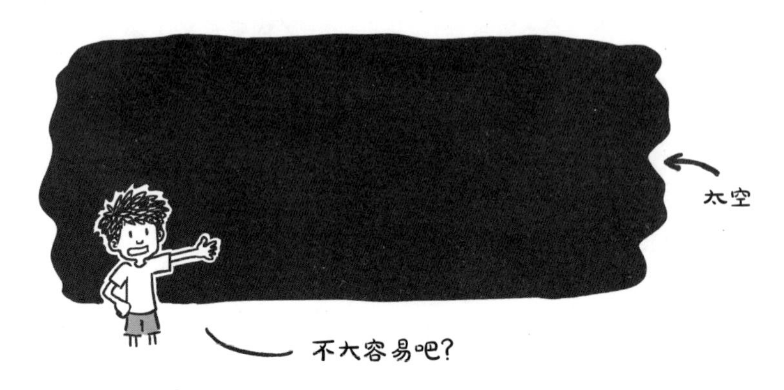

其实，黑洞跟你卫生间里的马桶还是挺像的。你想啊，冲水的时候，马桶里的水（当然，呃，还有其他东西）都会不停地转啊转，转了一阵子之后才会咕噜噜地冲进中间的洞里。对于黑洞来说也是这样的。

掉入黑洞的物质，比如小行星啊，气体啊，还有你妹妹的自行车啊，并不总是直接掉进去。这些东西一般会先在黑洞附近打转。

有时候这些东西转得巨快，看起来就像流星一样。人们看黑洞，有时也是这种感觉。你看，我在网上找到了一张科学家在去年拍摄的黑洞照片，是不是很像个不断变大的巨型冲水马桶？

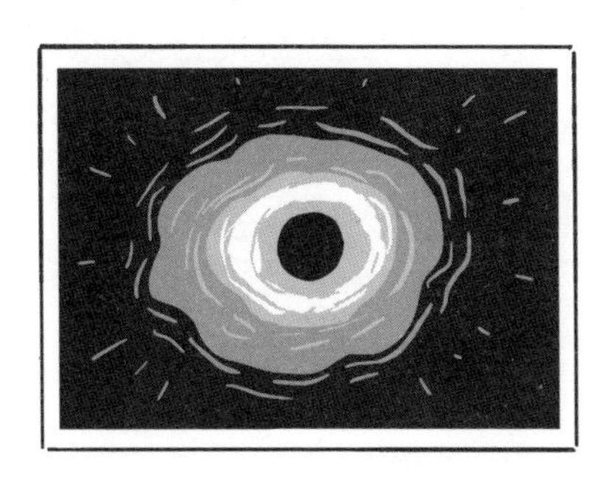

搜一下“黑洞照片”就行啦。

而且就算你没看到即将被“冲走”的那团发光旋涡，也能找到黑洞的位置——观察恒星等其他物质在黑洞周围的旋转状态。要是能看到有恒星环绕着宇宙中某个看不见的点绕圈圈，就可以确定那中间是个黑洞了。

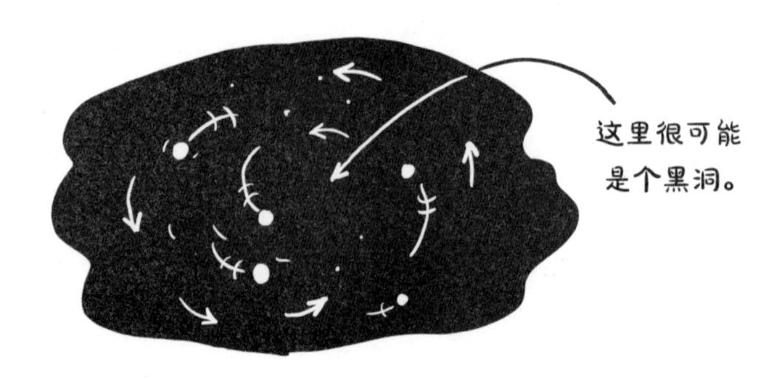

想了一圈跟马桶有关的事，我才发现我的窝沙发计划有个致命的问题——我得上厕所呀！

我妹妹肯定是不会给我拿个马桶过来了，给她多少零花钱都没用。我得找个办法脱困，不然我爸妈就**真的**找到换沙发的理由了。

就在这时，我想起了霍华德博士跟我说的话。他说，很多人认为东西掉进黑洞里就出不来了，那是因为黑洞在宇宙中，不管你往哪个方向逃，都是在洞里面。但他还说，就此而论，有科学家认为可能存在一个**漏洞**。

那些科学家是这么说的。假如你一路爬到黑洞的中心，就能发现一个**虫洞**（wormhole）。虫洞呢，就是宇宙中的通道。

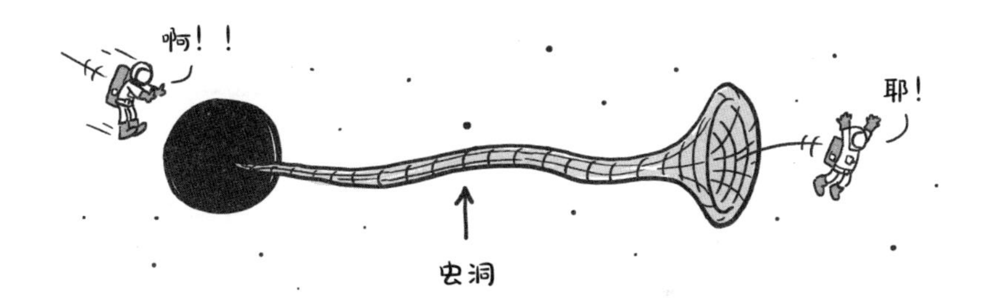

这条通道最终会把你带到宇宙的其他地方，比如另一个星系。要是这种通道真的存在，未来的宇航员就能利用它们去往宇宙的其他地方，跟遥远时空的外星人交流。

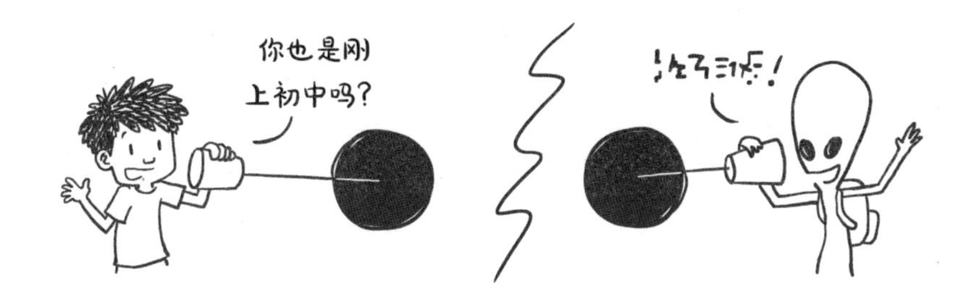

这给我提供了一个相当不错的思路。我扭动到垫子下面，找到了爬出沙发的路。沙发就像个黑洞，我掏的洞倒不像虫洞，其实就是个能把我自己塞过去的普通大洞而已。我都跟你说过这是个旧得不能再旧的沙发了。

我来到洗手间，在上厕所的同时，想到了个关于黑洞的问题。于是我给霍华德博士打了个视频电话。

“喂，霍华德博士！”

“喂，奥利弗。等会儿，你在厕所呢？”

“对啊，怎么，要我冲马桶给你看吗？”

然后他就把电话给挂了。没办法，我只能从厕所出来后又给他打了过去。

“霍华德博士，我想问个关于黑洞的问题。”

“你这回没在厕所吧？”

“没有。”

“洗手了吗？”

“呃……等下啊……行了，洗完了。”

“说吧，什么问题？”

“黑洞是怎么形成的呢？”

“这问题还挺有深度，不错。”

“当然啦，我上厕所的时候脑子是最好使的。”

据霍华德博士所讲，制造黑洞的秘诀还挺简单的：

第一步，找来些东西（山川、海洋等）；

第二步，使劲儿把它们都挤压在一起，最终在宇宙中形成一个洞；

第三步，撒腿跑。

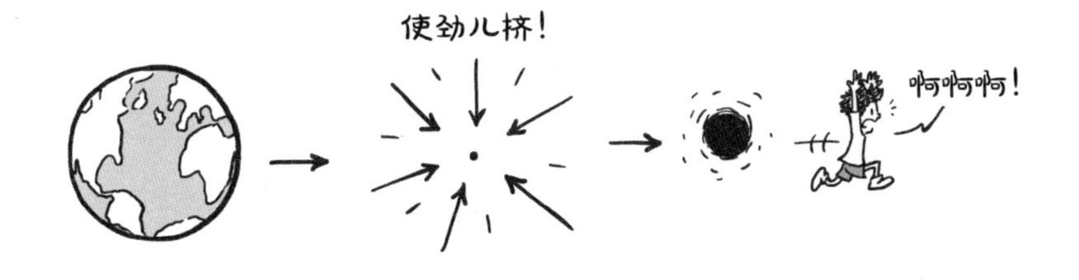

就这样啦。霍华德博士说，最难的一步在于把东西挤在一块儿，直到在宇宙中挤出个洞来。拿地球打个比方。你可以用地球做个黑洞出来，但必须得把整个地球捏成玻璃球儿那么大。想象一下，所有山川、大陆、海洋、树木、岩石、岩浆……把地球上的一切都缩成一个小球。还真是挺难的！

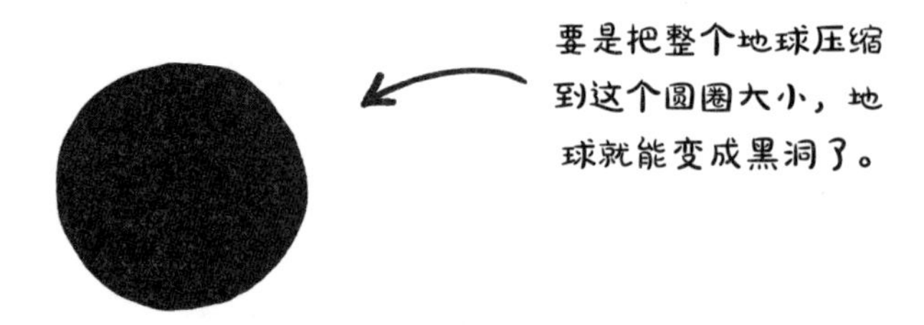

显然，许多黑洞形成于宇宙中的恒星爆发，因为在恒星爆发时，它内部的物质会受到挤压而坍缩，形成黑洞。霍华德博士给我讲了些关于恒星爆发的事儿，都很精彩。回头我再给你讲。

重要的是，我逃离了沙发。以防你担心真掉进了黑洞该怎么办，先告诉你结论：不用担心。确实，这种事情在宇宙中有可能发生，只不过离我们很遥远。不过，联想到用任何东西都能造出个黑洞，我突然有了个好主意——我有办法把零花钱从妹妹手里弄回来了。

喂，谁把我的玩具放在沙发上的？

第四章 在挤压中爆炸的太阳

我上初中啦！而且……还惹了个大麻烦。

事情一开始进展得很顺利。初中校园真的**好大**啊。镇子上各个小学的学生都聚到这儿来了。有很多人我都不认识。送我上学的时候，我老爸还有点感伤。

刚进校园，我们就见识到了八年级的学生长什么样子。

我估计小孩从六年级到八年级这两年会发生翻天覆地的变化吧。

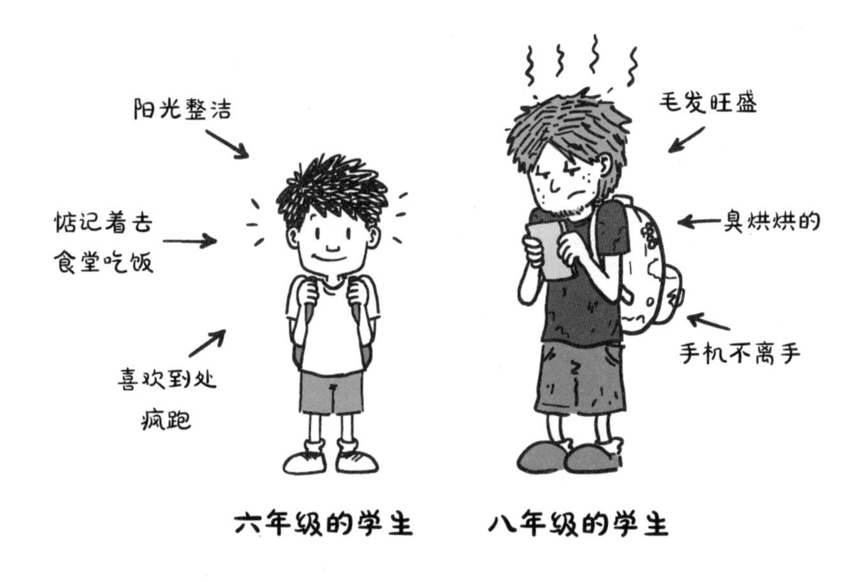

我要是知道两年后我也会变成那副鬼样子，我当初就不会离开小学。

不管怎样吧，我领了个储物柜，这个设计还是蛮贴心的，学校餐厅看起来也还不错。我问了，这儿不卖薯饼，嗯，是件好事儿。总之，初中伊始，一切都充满希望。

没想到，科学课上，事情开始朝不好的方向发展了。别误会，科学课很酷的。所有课程里，科学排在我最不爱上的课的最后一名，也就是说，我最期待的就是这门课。

我的课表	用表情给我的喜爱程度排个序
科学	
数学	
古代史	
西班牙语	
体育	
英语	

老师也相当好。巴伦西亚老师是那种再奇怪的话题也能讲

得很有趣的老师。

然后我就犯错了。巴伦西亚老师让我们把自己之前学到的有意思的东西写下来，彼此熟悉一下。

我得好好表现一下，这可是个给老师留下深刻印象的好机会。于是，我把我所知道的关于伽马射线的东西都写了下来，还说我要写本书，要把有关宇宙的一切都讲一遍。我寻思着，反正我以后要当天体物理学家，现在跟科学老师搞好关系不也挺好的嘛。

我本来以为她是要等回家后才看我们写的东西呢，没想到

在我们写完传到前面后，巴伦西亚老师就说她要随机选几个学生出来，给大家念一念自己写的。

“嗯……”我心里嘀咕着，“这么多学生呢，她选我的概率应该也没……”

“奥利弗！”

她第一个点的就是我。

我平时不怯场的，但这群新同学我都不认识（前面不是说

过嘛，这些同学来自各个不同的小学），我只能努力暖暖场子。

这群观众可真难搞。我深吸一口气，开始读我写的伽马射线，讲我要写的书。

接下来的事态越发难以控制。巴伦西亚老师对于我要写书的想法表示相当激动。她说此前从未有学生做过这件事，还问我写完之后愿不愿意跟全班同学分享一下。

我还能说啥？实话说，我从没想过会有谁真的来读我的书。我确实是打算写书，但一想到有一群我完全不认识的同学要读我写的书，感觉还是不大一样的。一瞬间，我感觉**“压力山大”**。

接下来的一天过得还行。斯文 · P. 给体育老师表演他拿手的胳肢窝音乐，可他踢球踢得出太多汗了，胳肢窝都跑调了。

就这样，我活过了初中的第一天。除了科学课上的事件，整体还不错。我现在要做的就剩下步行回家这一件事了。

不知道为什么，老师让我们把所有科目的教科书都拿回家。我猜这是想让我们在家写作业。一般来说，把书带回家是件好事，但教科书可不轻哪。我拿到第一本的时候，是这样的：

第二本到手的时候是：

然后是第三本：

到了第七本的时候，我感觉我已经走不到走廊了，更不用说走回家了。

我们三个人一起才把这些书都塞到我书包里。

学校大门打开的那一刻，门口那道风景就像自然节目里的一个经典场景：小海龟们磕磕绊绊地爬向大海，你永远不知道哪只能成功。

关键是，且不说书包很重，外面天气还**热得要命**。在加州，8月的气温还比较宜人，可那天热得都能在水泥地上煎鸡蛋。

我一边走，一边忧虑着写书的事，为了我们的科学课也得把这本关于宇宙的书写完。问题是，我根本不知道接下来该写点啥。一想到要写一整本书，我的天！我抬起头来，这不，答案就在我眼前。

太阳！我跟你讲，太阳酷毙了。可实际上，它超级热，完全跟“冷酷”沾不上边。不过现在要说的不是这个。

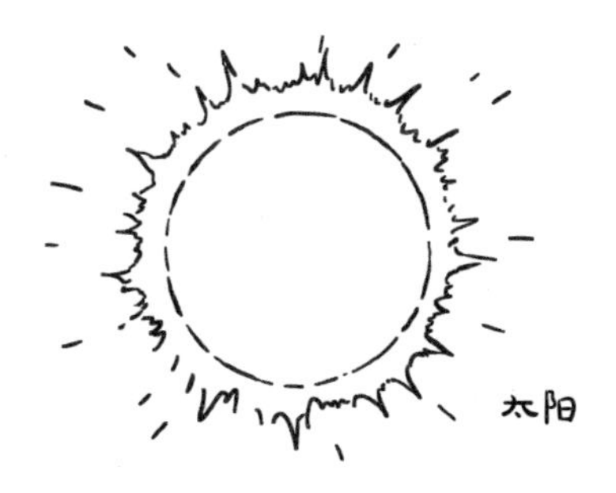

想想太阳究竟有**多大**，绝对能让你震撼不已。太阳就是一颗巨大的火球，直径约140万千米。有多大呢？它里面可以装下100万个地球。

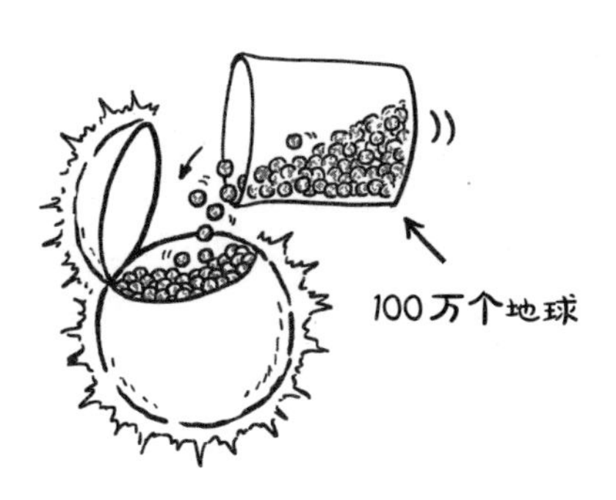

它在天空中看起来这么小，只有一个原因，那就是它离我们太远了。太阳距离地球1.5亿千米。

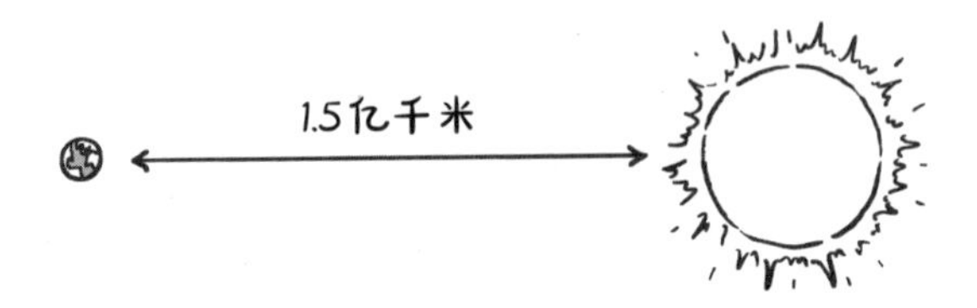

那是有多远呢？要是开车过去，得开150年。而且万一你爸爸开车跟我老爸一样慢，就得花300年了。

就算是光——宇宙中速度最快的物质，从太阳到地球都要花一段时间。我们来模拟一个好玩的场景。你先闭上眼睛，想象有一束阳光现在从太阳出发了。

然后看一眼表（厨房的挂表或者微波炉上的计时表都行），等一会儿。

等啊等……

等啊等……

等啊等……

1分钟过去了吗？要是已经1分钟了，那么好的，这束光已经走了1/8的路程了。

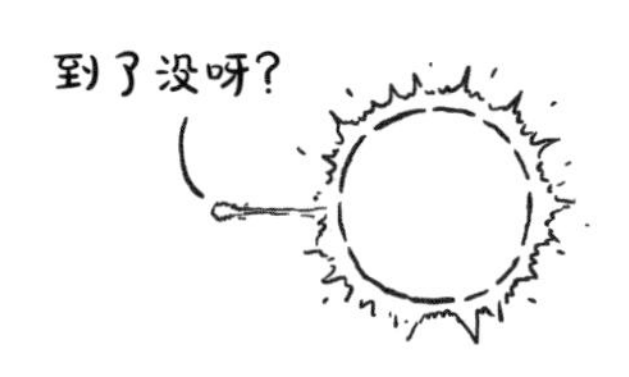

再等一会儿……

等啊等……

等啊等……

4分钟过去了吗？阳光走了一半的路程了。

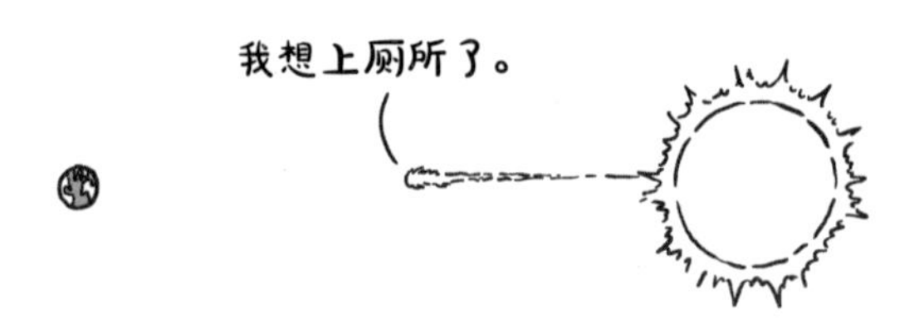

再接着等……

等啊等……

等啊等……

8分钟到了没？要是到了，快跑出去抬头看看天，你刚才想象的那束阳光才刚刚到达地球呢。

也就是说，你所见到的所有阳光都是8分钟之前的阳光。因为它们从太阳出发穿过宇宙，要花8分钟才能到达地球。就像你妈妈要求你做某事，你半天没动静，她这时候才发现原来你溜号去干别的事了。

太阳也是一样，它能气得脸色铁青，能爆炸，能消失，谁也不知道这8分钟里它发生了什么！

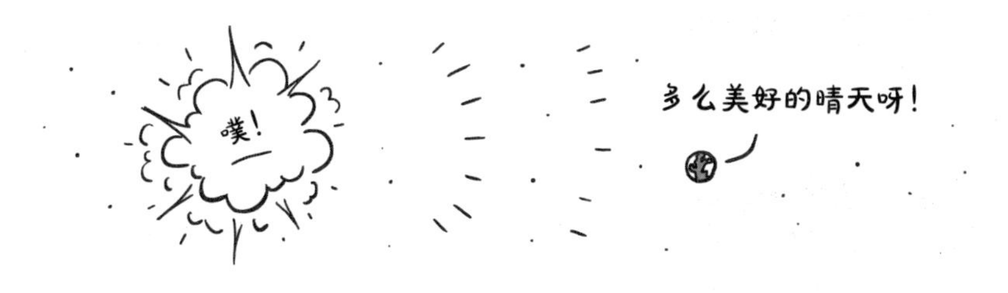

还记得我说过太阳是个大火球吗？这么说其实不太准确（不好意思）。霍华德博士说，太阳其实不是在燃烧，而是在不停地发生**核爆炸**。

根据霍华德博士的说法，太阳其实是宇宙中一团巨大的气体云，所有气体都想挤在一起。

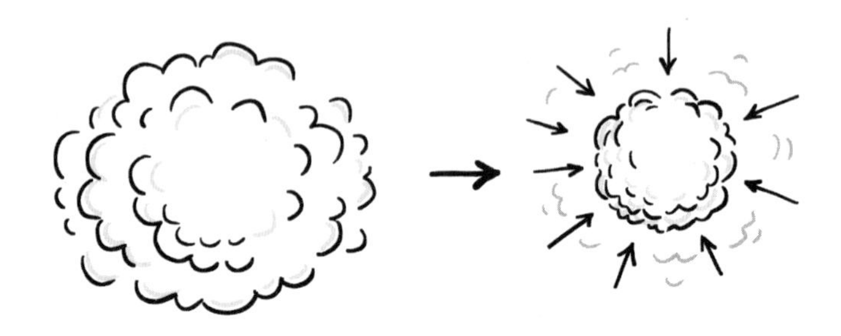

这样一来，中心的物质就变得相当紧缩，因为周围的物质在不停地挤压它。

中心的气压太大，就导致了核爆炸。物质一点儿一点儿聚合在一起，聚集了很多之后，就会压缩，产生爆炸。

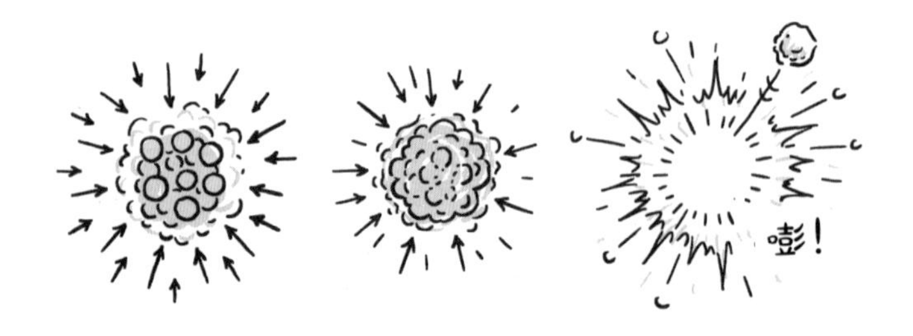

一般来讲，物质这样爆炸之后，会在宇宙中崩得到处都是。但是在太阳内部，爆炸的物质无处可去，因为外层的物质还会把它们挤进去。

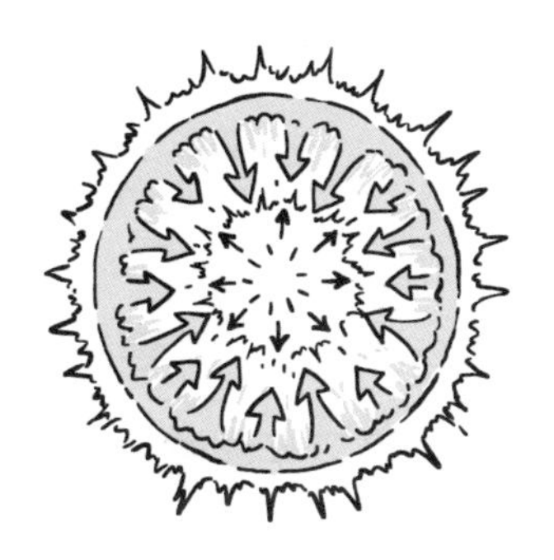

于是，太阳便**一边**压缩聚合，**一边**爆炸。正是这种持续的压缩和爆炸让太阳闪闪发光。

我告诉霍华德博士，我给太阳内部发生的反应取了个新名字：

这就是太阳：一颗直径约140万千米的巨型核能气体球，不停地压缩爆炸、压缩爆炸……

还记得我说过太阳巨热无比吧？要知道，太阳内部温度达到1500万摄氏度（或2700万华氏度）。这个数值大得不得了。我走回家那天，气温没有这么高，但真的感觉就是那么热！

尤其是看到其他孩子有父母开车来接，我觉得更热了。

再加上感觉太阳不停地朝我压过来，我快要不行了。

这也是霍华德博士讲过的，光是可以“推”人的。你感觉不到，是因为它的力度特别特别小，但确实是存在的。他说，光有能量，这种能量打在我们身上的时候，就会稍稍挤压我们一下。假如你站在宇宙里，有人开着手电筒指向你，你就能轻轻移动起来。

这件事本身挺酷的，但对于当时在大日头底下背着死沉的书包的我来说，知道这事儿一点用也没有。尤其是一想到太阳还会往下压着你，只恨天上不能再多几片云彩。

不过转念一想，知道这些东西也不是件坏事。比如说，给我点压力让我好好去写这本书，也挺好的。

太阳中心也是有压力的，不然它内部的物质什么也做不了。太阳就只能坐在那里，不能发光发热。没了太阳，地球上的植物、动物都不会存在，人也是。

给我点儿压力还是有助于我写书的。不然的话，我搞不好会天天打游戏、看电视，而不会写任何东西。

我只希望我的书能发光发热，但不要像太阳一样爆炸。

说到爆炸，你知道太阳会**打嗝**吗？其实没什么可奇怪的，毕竟它就是一团气嘛。有时候太阳内部的气体会产生气浪和气泡，这些气浪和气泡相互碰撞，就会把一部分太阳的物质甩到宇宙中去。

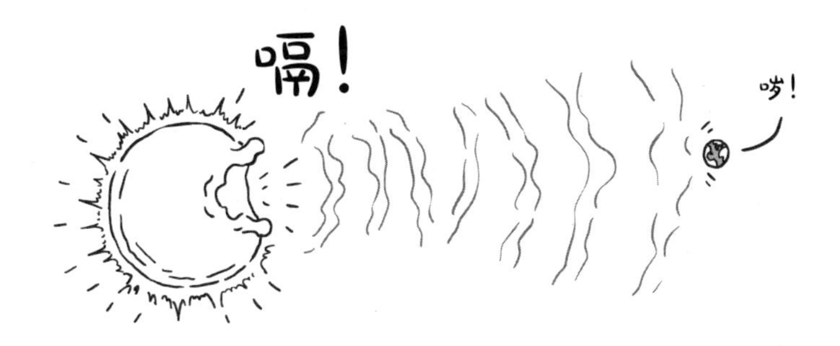

霍华德博士说，有时候太阳打的嗝〔学名叫“日冕物质抛射”（coronal mass ejection）〕很大，可以一路飞到地球上。

太阳的物质是带电的，所以，如果这是个超大嗝，就能把我们的手机和电脑烤焦。谁知道太阳的消化不良会这么危险呢？？

另外，你知道太阳还在长大吗？它现在就是这样，一天比一天大。总有一天会大到把地球吃到它肚子里（这样地球就会被炸成薯片）。

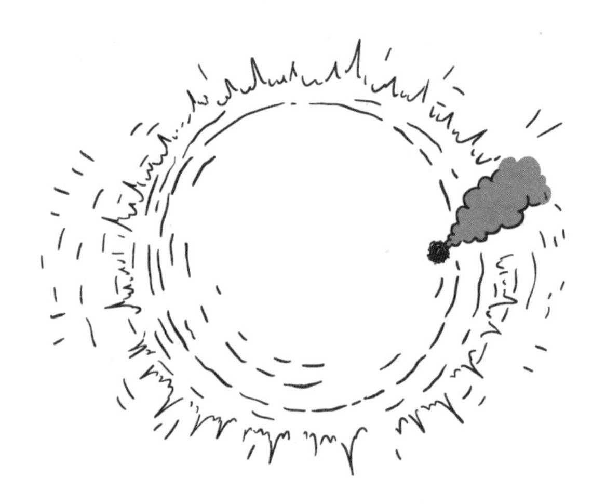

不过，到了某种程度后，太阳里的物质就不够用了，没法

再把它挤在一块儿，也没法产生核爆炸了。这时候太阳就会坍缩，稳定下来，就像我玩平板时间久了，我妹妹在旁边生闷气的样子。

但是别担心，这事儿没个几十亿年是不会发生的。在那之前，太阳会一如既往地闪耀着灿烂的光芒。

我终于走到家了！感觉还有几百万千米的路要走，可是一抬头，我已经站在大门口了。

我妹妹正好在屋外用水管给植物浇水，我赶紧跟她说“给我喝一口”。结果，她把水管调到“洗浴”模式，对着我好一顿冲。

我没生气，冲完感觉好多了。

然后，我突然想起来……

我的书也给泡了！全完了！搞不好我又得从学校背一套回来了。

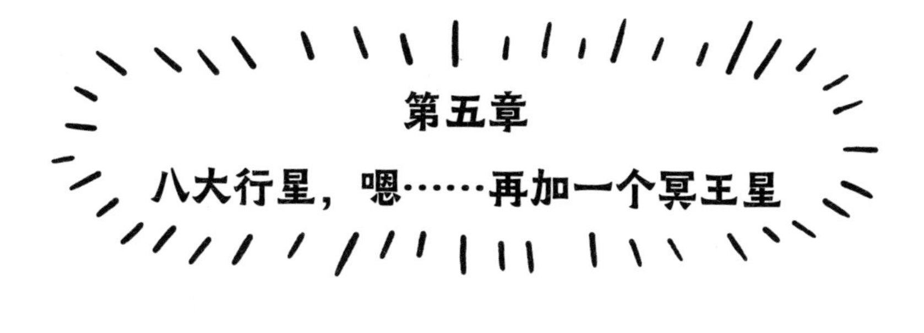

第五章

八大行星，嗯……再加一个冥王星

这一天终于还是来了。我被送到我们初中的校长办公室，这可不是啥好事。

我给你们讲讲我是怎么把自己弄到这步境地的。不过在此之前先说个好消息：我交到新朋友了！

一开始，我对于在初中交朋友这件事有点儿紧张，所以表现得有点过头了。我逢人便说我在写一本特酷的书，讲宇宙的，还给他们展示我已经写出来的样章。大多数同学都像看怪胎似的瞅着我。

但有一个女孩喜欢我写的书。她的名字叫埃薇。我们很快就成了朋友。

埃薇很棒。有一次她跟我一起走回家，我们打了一下午的电子游戏。考虑到这是她第一次打电玩，我让着她来着。

（要是她跟你说她赢了我而且我输得直烦，**别信她的话！**）

一天中午，我们一起在食堂吃饭。食堂那天供应的意大利面和肉丸还挺不错。意大利面和肉丸算是食堂供应的最美味的饭了，尤其是上面还放了一片芝士面包。

埃薇吃了起来，但我却被一颗肉丸吸引了注意力。

这颗肉丸让我想到了水星，也是我们太阳系的一颗行星（围绕太阳旋转的天体）。

首先，这颗肉丸圆溜溜的、暖烘烘的。水星也是圆溜溜的、暖烘烘的。它是离太阳最近的行星，所以一直处于炙烤之下。而且水星上没有空气和水，所以它看起来像是一颗圆嘟嘟的灰棕色的球，就跟这颗肉丸似的。

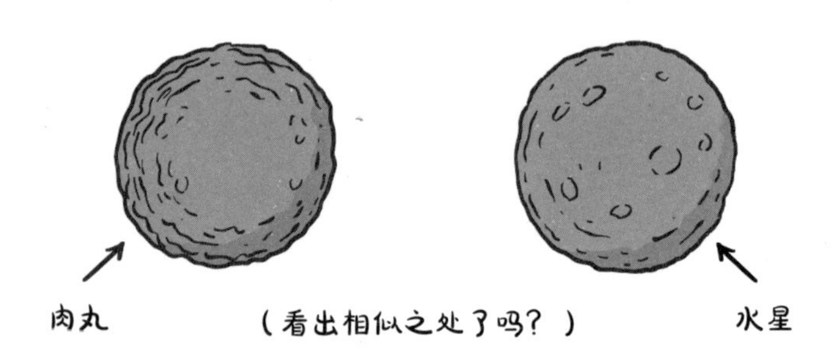

水星很酷，因为它是太阳系中跑得最快的行星。有多快呢？它3个月就能绕着太阳转一圈。地球绕太阳转一圈得花12个月呢。

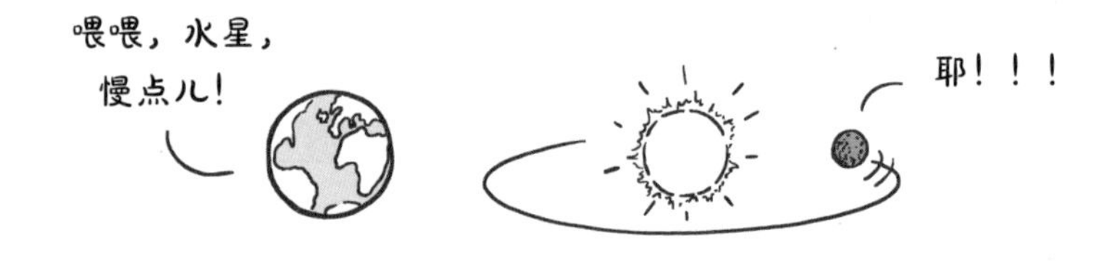

我们管行星绕太阳转一圈的时间叫做“年”，因此水星上的一年比地球上的一年短得多。要是生活在水星上，按我们现在的时间，3个月就能过一次生日！

埃薇觉得这太有意思了。她很快就想到了个好主意——可以给我的书配上漫画。埃薇画画特别好，你让她画什么，她都能画。

有一次，我让她画个鲨鱼大战恐龙，她画得相当专业。

她觉得我们可以画一系列漫画，把行星画成初中生，我觉得挺有趣的。太阳系内一共有八大行星，按照离太阳的距离从近到远的顺序排列为：水星、金星、地球、火星、木星、土星、天王星、海王星。

我们计划每天中午午休的时候画一组。也正是画这些画儿的事把我们弄到校长办公室去了。这回头再说，还是先说漫画的事。我迫不及待地想为你们展示这些漫画，真的很好玩！

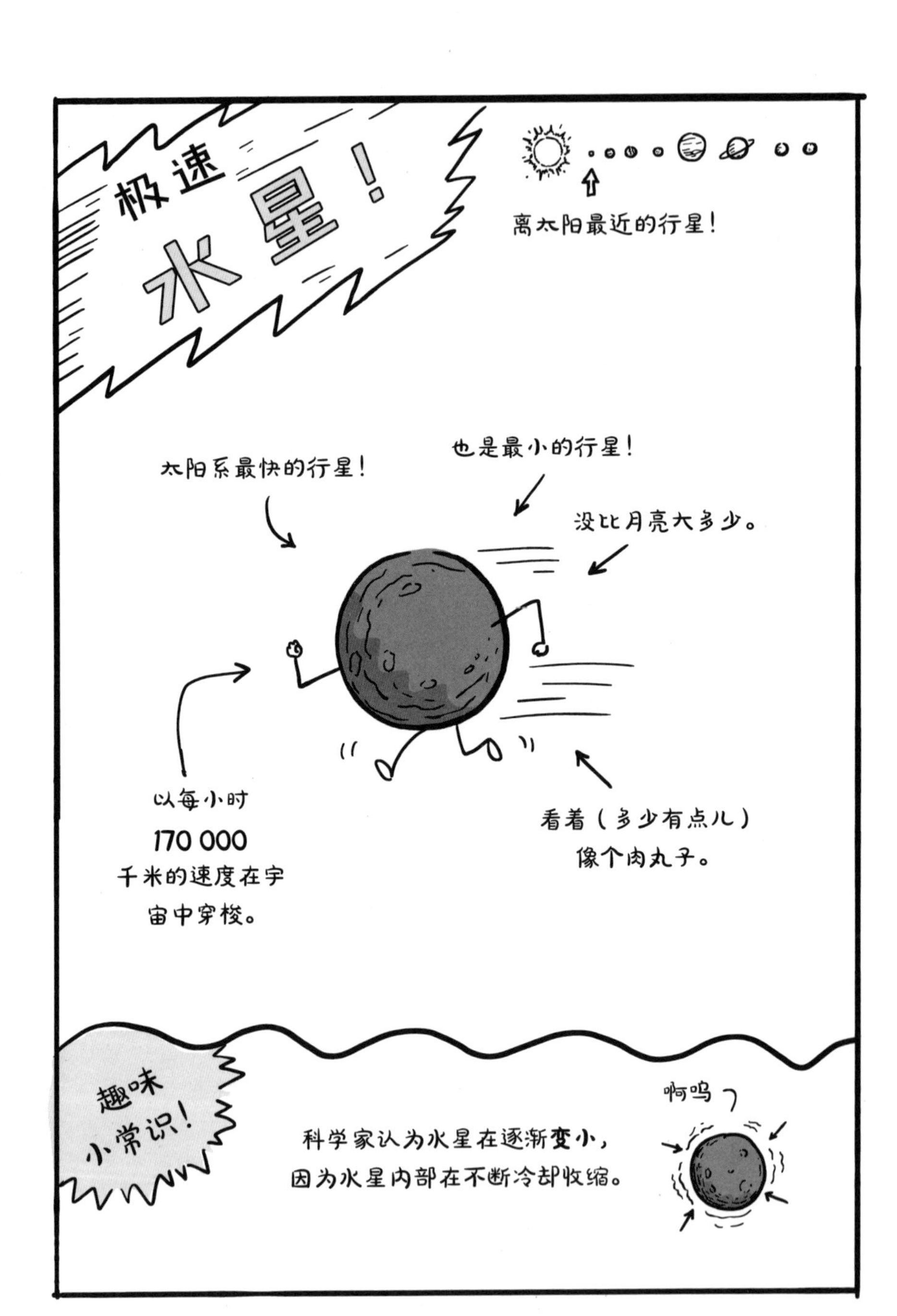
极速
水星！
离太阳最近的行星！
太阳系最快的行星！
也是最小的行星！
没比月亮大多少。
以每小时
170 000
千米的速度在宇
宙中穿梭。
看着（多少有点儿）
像个肉丸子。
趣味
小常识！
科学家认为水星在逐渐变小，
因为水星内部在不断冷却收缩。
啊呜

嗨，
土星，木星！
地球你怎么了，
咋看着这么怪？
是啊。
妈呀！我怎
么这么蓝？
傻地球，他
们不过是在
嫉妒你有薯
饼罢了！
这样啊，
冥王星。
你真是我的
好兄弟……
……虽然不是行
星，那又何妨。
我是！怎么
不是啦！！

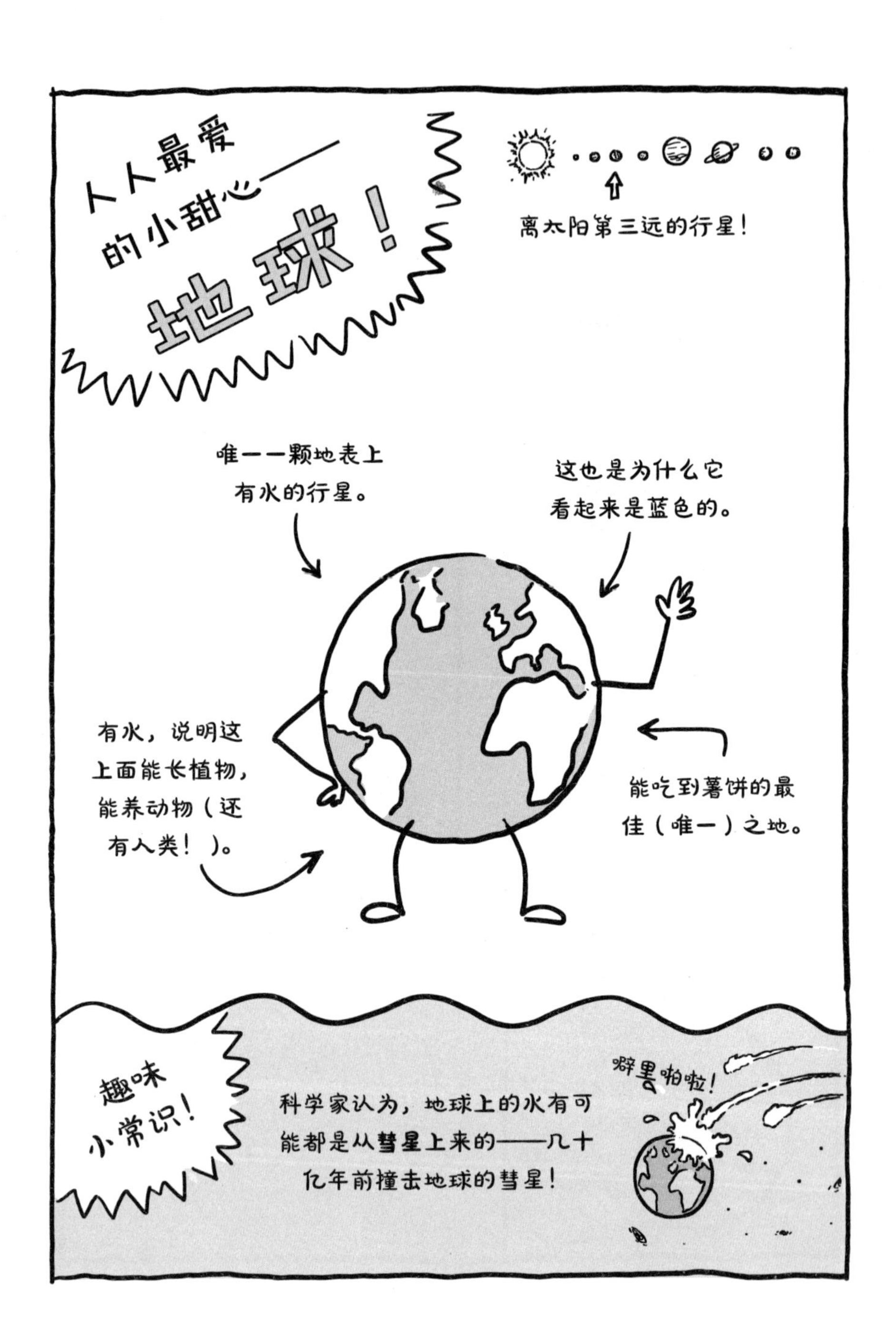

人人最爱的小甜心——地球！
离太阳第三远的行星！
唯一一颗地表上有水的行星。
这也是为什么它看起来是蓝色的。
有水，说明这上面能长植物，能养动物（还有人类！）。
能吃到薯饼的最佳（唯一）之地。
趣味小常识！
科学家认为，地球上的水有可能都是从彗星上来的——几十亿年前撞击地球的彗星！
噼里啪啦！

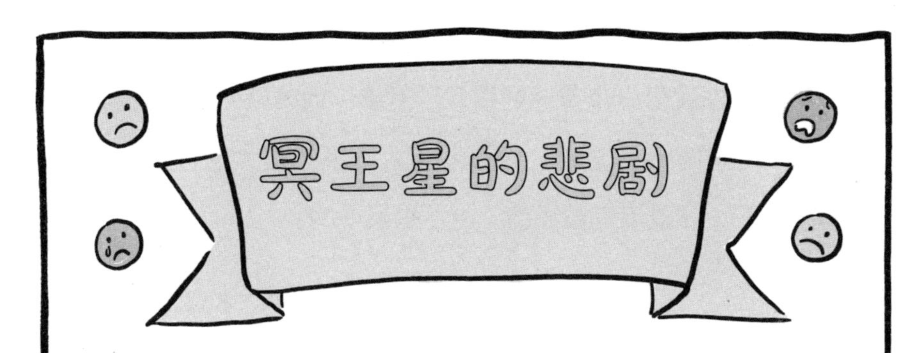

有好长一段时间，大家都以为冥王星是颗行星。

直到科学家发现……

它其实比我们的月亮还要小！

于是他们商量说，冥王星太小了，不配做行星。

月球

冥王星

即便如此，其他行星对冥王星这个小兄弟还是很接纳的。

我们还是很喜欢你的哟。

谢啦，兄弟们！

以上就是我们做好的第一批小漫画。我们打算让地球当主角，因为地球就像一个普通的孩子。没错，地球就是很普通啊，而这也正是它的特殊之处。它既不是太阳系内最大的行星，也不是最小的；它既不是最热的，也不是最冷的。

地球在银河系所处的位置刚刚好，上面有液态水，这也是动物和植物（还有人类）生长的必要条件。要是地球再热一点，水就会沸腾蒸发，再冷一点，水又会冻成冰。

第二天，我们又画了些金星和火星的漫画。

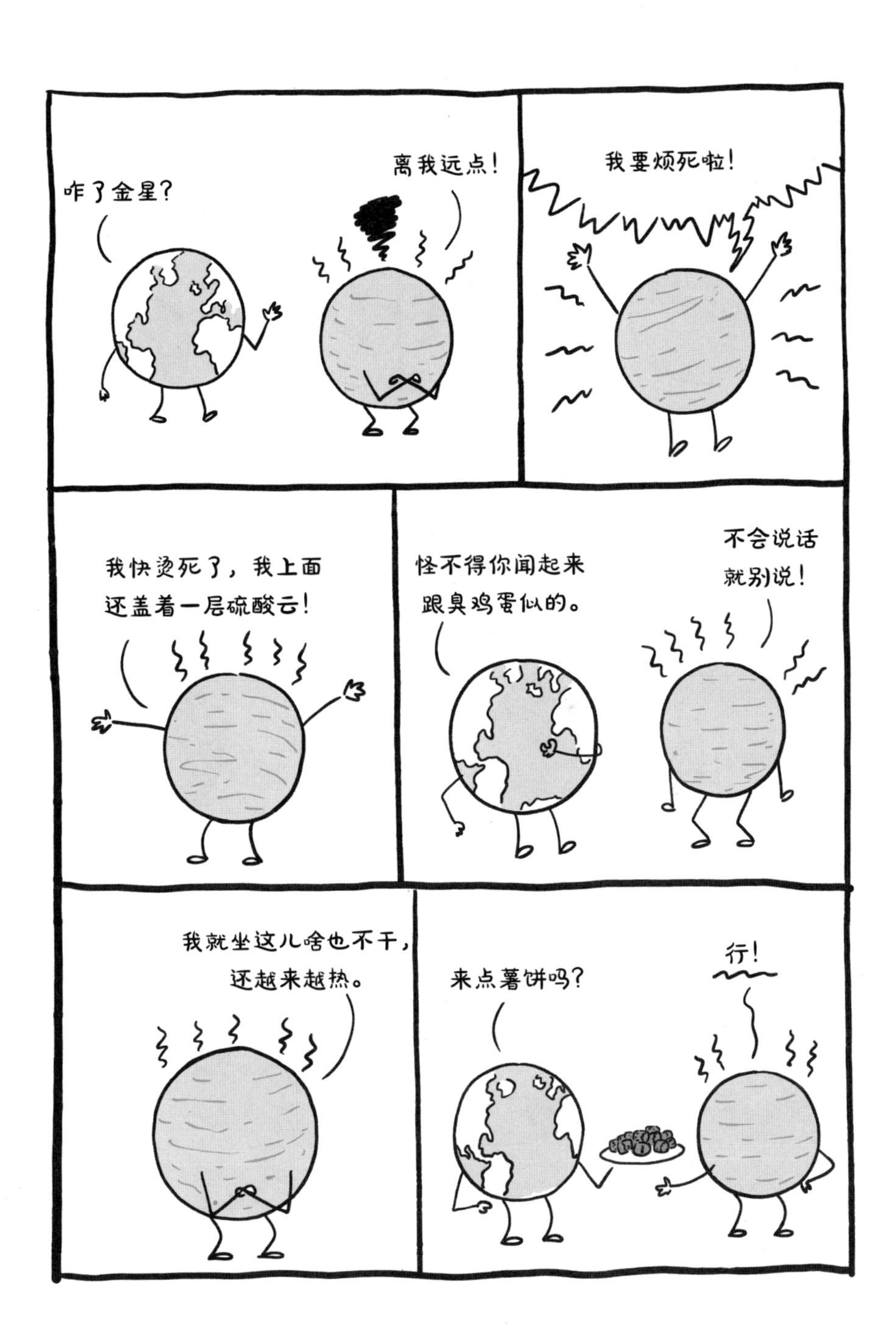
咋了金星？
离我远点！
我要烦死啦！
我快烫死了，我上面
还盖着一层硫酸云！
怪不得你闻起来
跟臭鸡蛋似的。
不会说话
就别说！
我就坐这儿啥也不干，
还越来越热。
来点薯饼吗？
行！

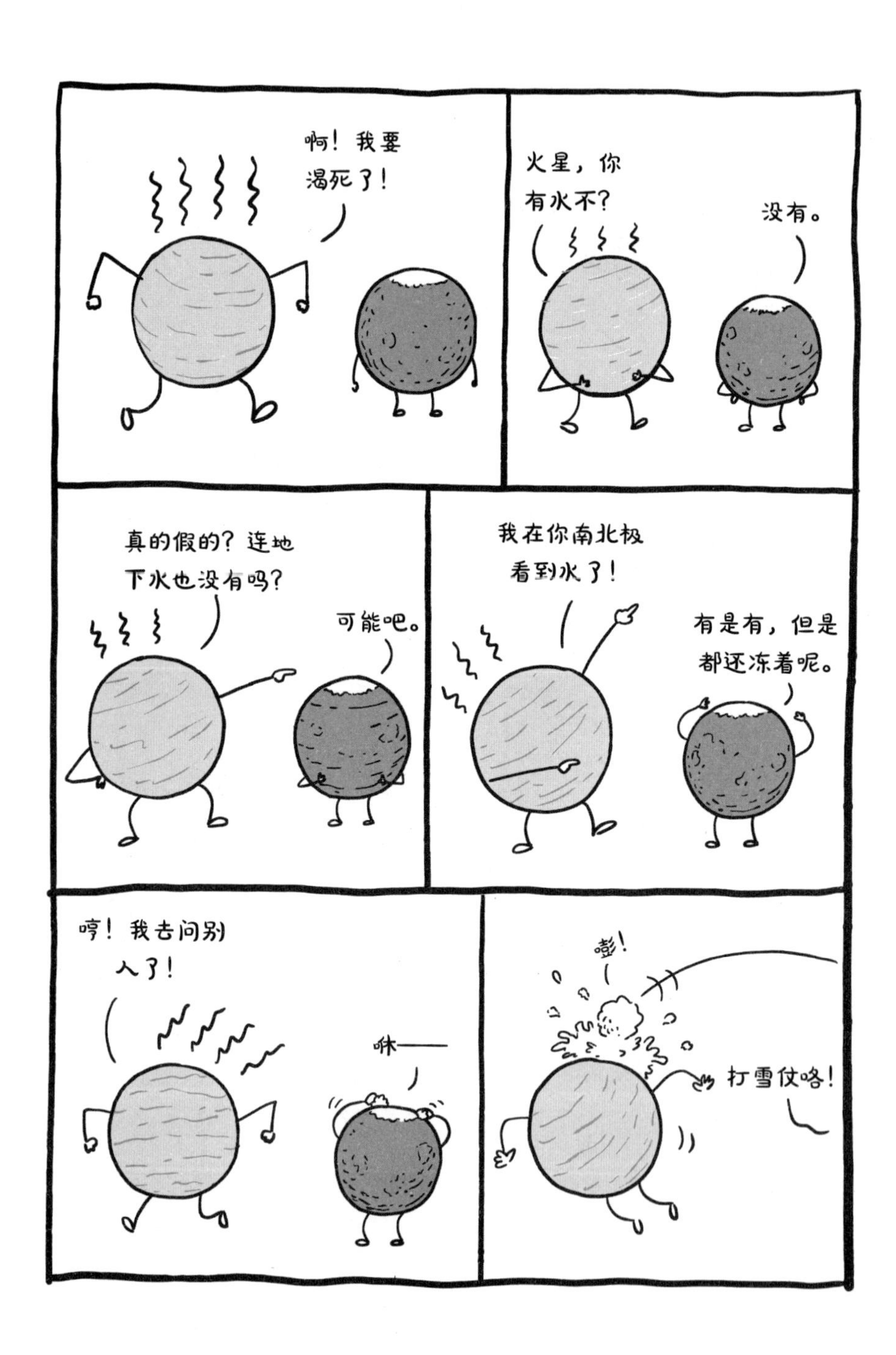
啊！我要
渴死了！
火星，你
有水不？
没有。
真的假的？连地
下水也没有吗？
可能吧。
我在你南北极
看到水了！
有是有，但是
都还冻着呢。
哼！我去问别
人了！
咻——
嘭！
打雪仗咯！

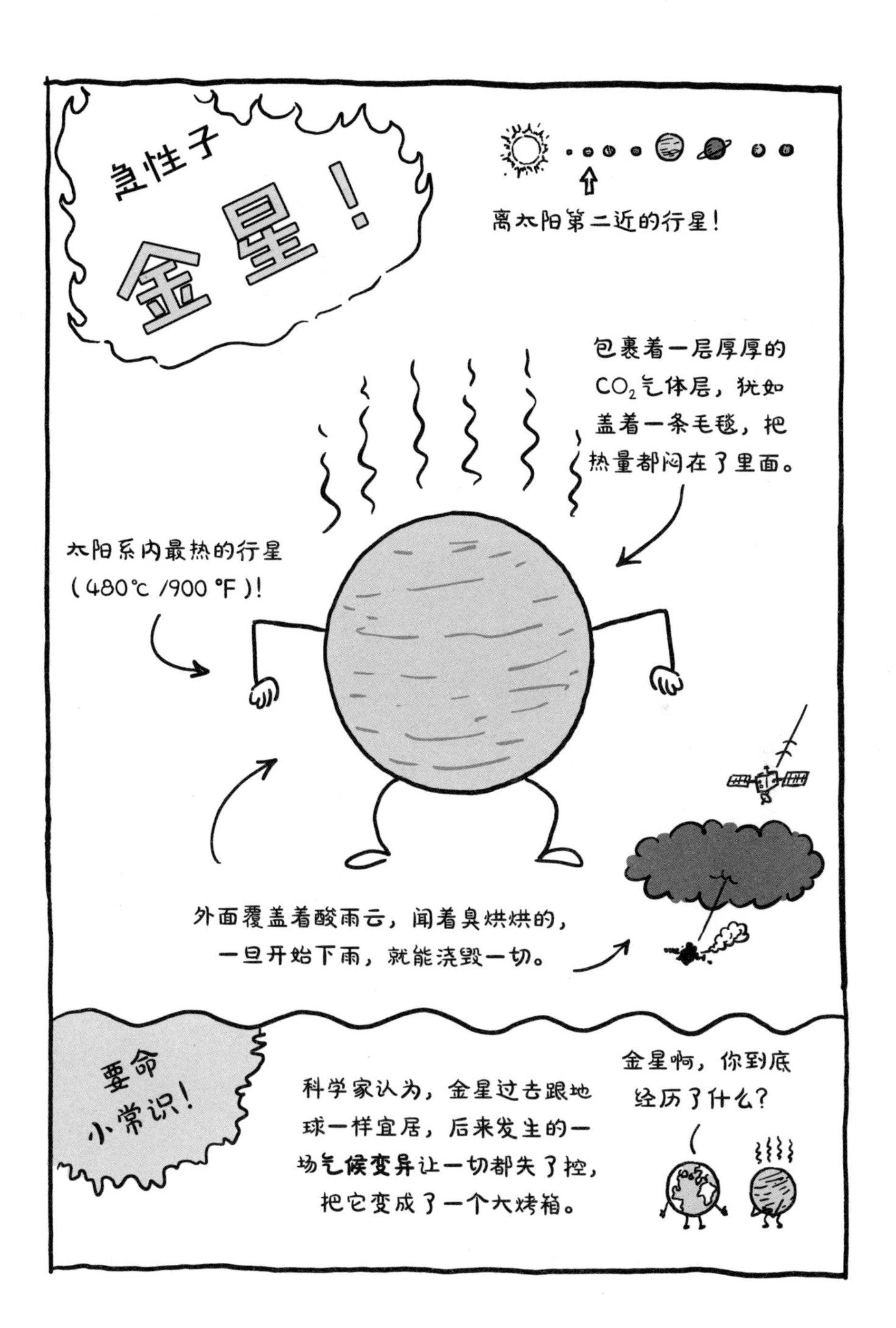
急性子
金星！
离太阳第二近的行星！
包裹着一层厚厚的CO_2气体层，犹如盖着一条毛毯，把热量都闷在了里面。
太阳系内最热的行星（480℃ /900 °F）！
外面覆盖着酸雨云，闻着臭烘烘的，一旦开始下雨，就能浇毁一切。
要命小常识！
科学家认为，金星过去跟地球一样宜居，后来发生的一场气候变异让一切都失了控，把它变成了一个大烤箱。
金星啊，你到底经历了什么？

神秘的
火星！
离太阳第四远的行星！
火星上有水，但这些水都是冰冻的或蕴藏在地下。
要是能把火星两极的冰都化开，这些水足够把整颗火星都覆盖住！
迄今已经至少有12个机器人登陆火星了。
火星看起来是红色的，因为上面满是铁锈——火星岩石里的铁生锈了。
趣味小点子！
地球上的生命有可能是从火星上坐着小行星迁移到地球上的。
耶！

金星、火星是离地球最近的行星，加上水星、地球，一共四颗行星，基本上都是由岩石构成的（其他行星主要是由气体和冰构成的）。我有时候会想，要是没有人看着它们，它们会不会组成一个摇滚乐队？哈哈，你明白我的意思吗？岩石（rock）和摇滚（rock）是一个词。

故事讲到这儿，我们的漫画也终于开始在同学间流行起来。不少同学都过来看，觉得我们做得挺好的。

于是，我们继续做了木星和土星的漫画。

嗨，木星！
你好啊地球。
呃，你那儿有
块大红斑。
我知道，这其实是个
巨大的风暴眼，里面
有些红色云团而已。
还真是惹
人注目呢。
说说看。
这个眼好大啊，
都能把我装下了。
其实你不用
一直强调它
这么大的。
它还红红的，
真挺明显的。
都说了我
知道了！

哇哦，地球，快看
我身上的环啊！
好漂亮！
是啊，土星，
真的挺好看的。
是吧！
它闪闪发光的样子我
真是爱死了！这么好
看的圈圈是谁的呀！
我有颗月球，
它还挺可爱的。
哇哦，
好可爱啊！
我有82颗卫星
呢！太酷啦！

大块头

木星！

离太阳第五远的行星！

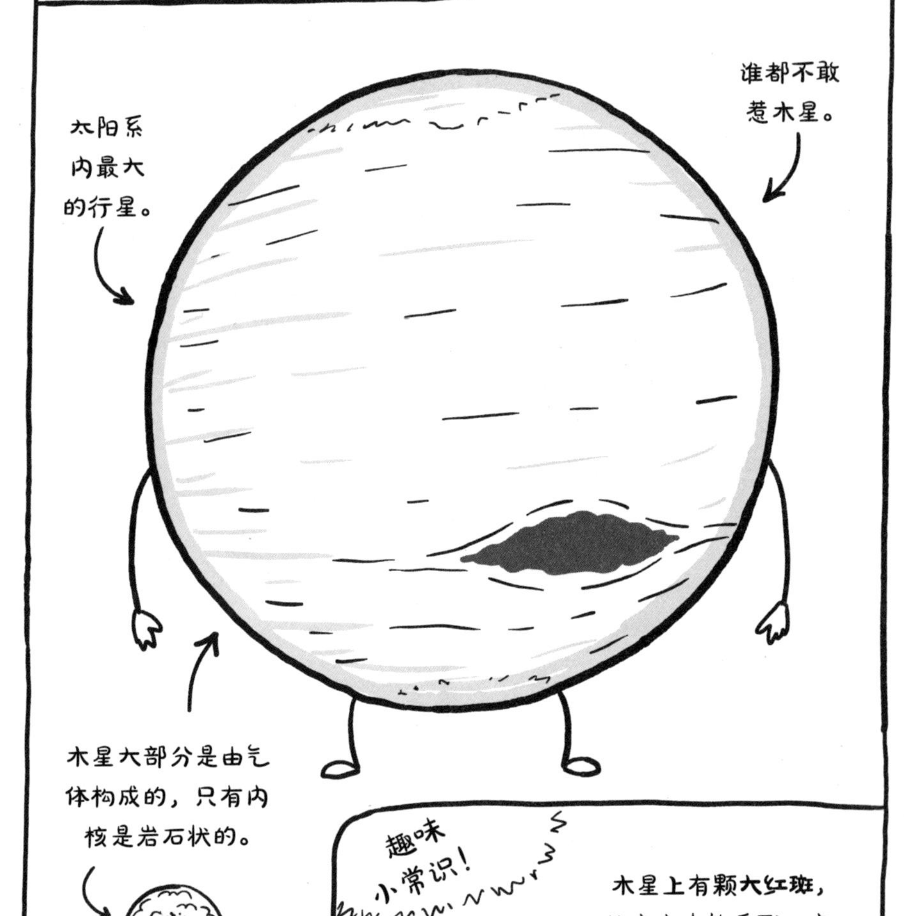

趣味小常识！

木星上有颗**大红斑**，从宇宙中能看到，它其实是个风暴眼。

闪光皇后
土星
离太阳第六远的行星！
跟木星一样，土星大部分也是由气体构成的。
太阳系内第二大行星。
土星的环里大多是环绕它旋转的小冰球。
土星有82颗卫星，也是卫星数量最多的行星！
亮眼小常识！
研究土星的科学家认为，土星上下雨下的不是水，而是钻石！

本书很难给大家解释的一件事就是这些行星有多大。要是把它们排成一排拍个全家福，大概就是这样的：

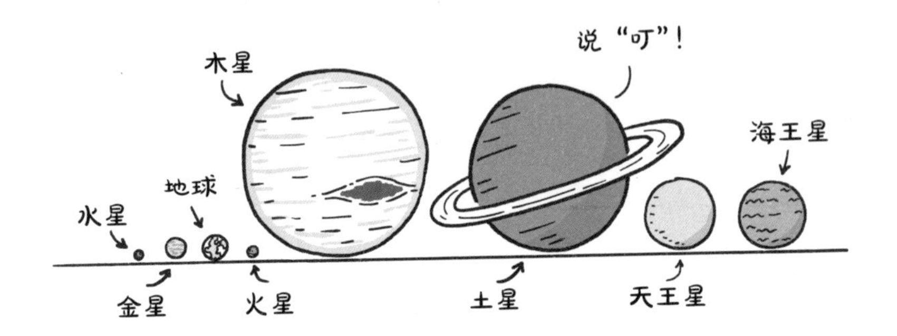

来看我们漫画的人越来越多了。画完土星和木星时，来看漫画的学生里已经有我们不认识的了。

也就是这个时候，我们惹上麻烦了。

地球！你来
看我啦！
哆哆……
冷……
天王星，你住的是
什么鸟不拉屎的地
方，这儿太冷了！
随便坐嘛！想
吃点什么、喝
点什么吗？
好……好啊，有
什么吃的吗？
冰。
冰？？吃
冰？？
嗯哼，
吃冰。
没……没有
可可吗？
只有冰哦。

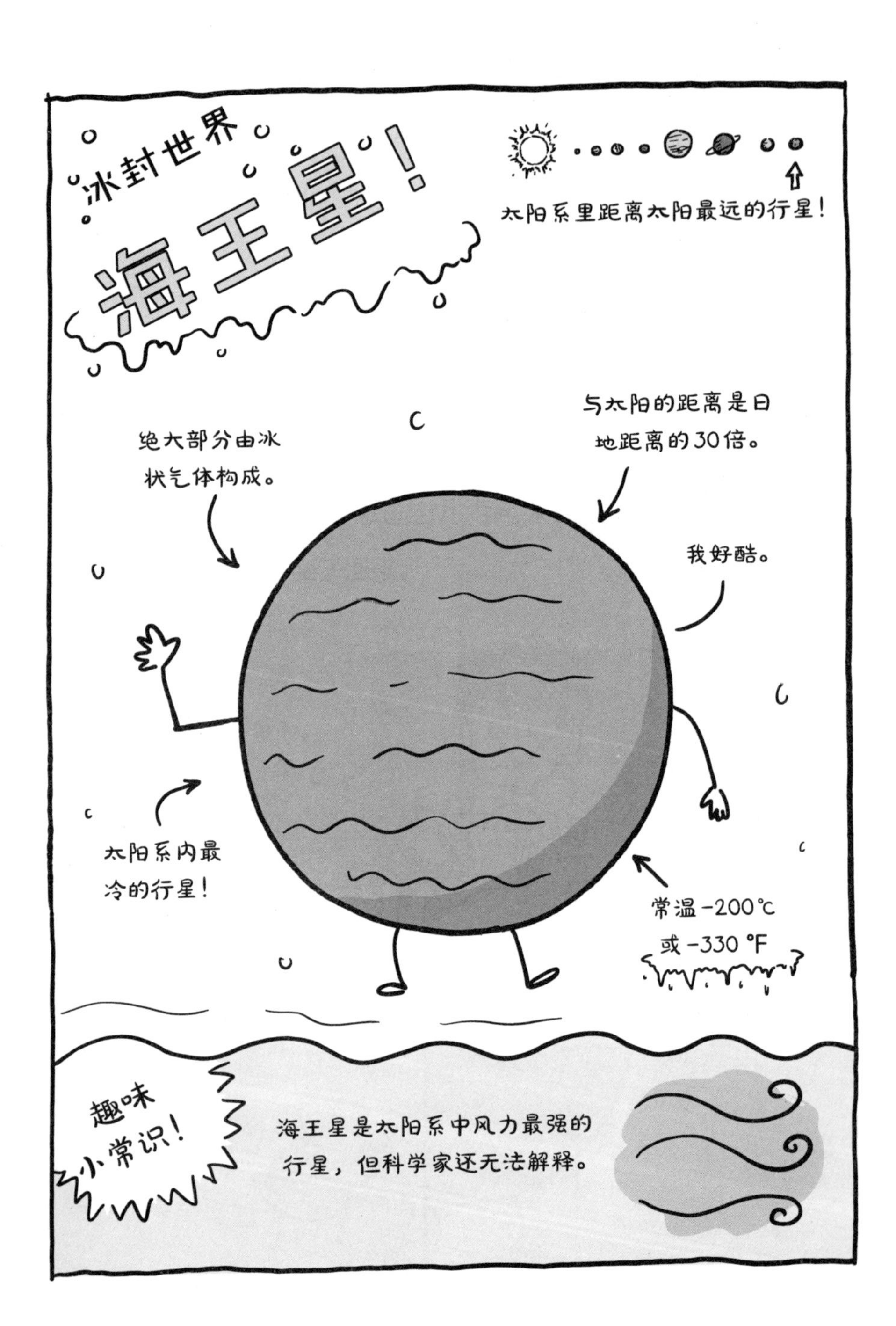
冰封世界
海王星！
太阳系里距离太阳最远的行星！
绝大部分由冰
状气体构成。
与太阳的距离是日
地距离的30倍。
我好酷。
太阳系内最
冷的行星！
常温 −200℃
或 −330 °F
趣味
小常识！
海王星是太阳系中风力最强的
行星，但科学家还无法解释。

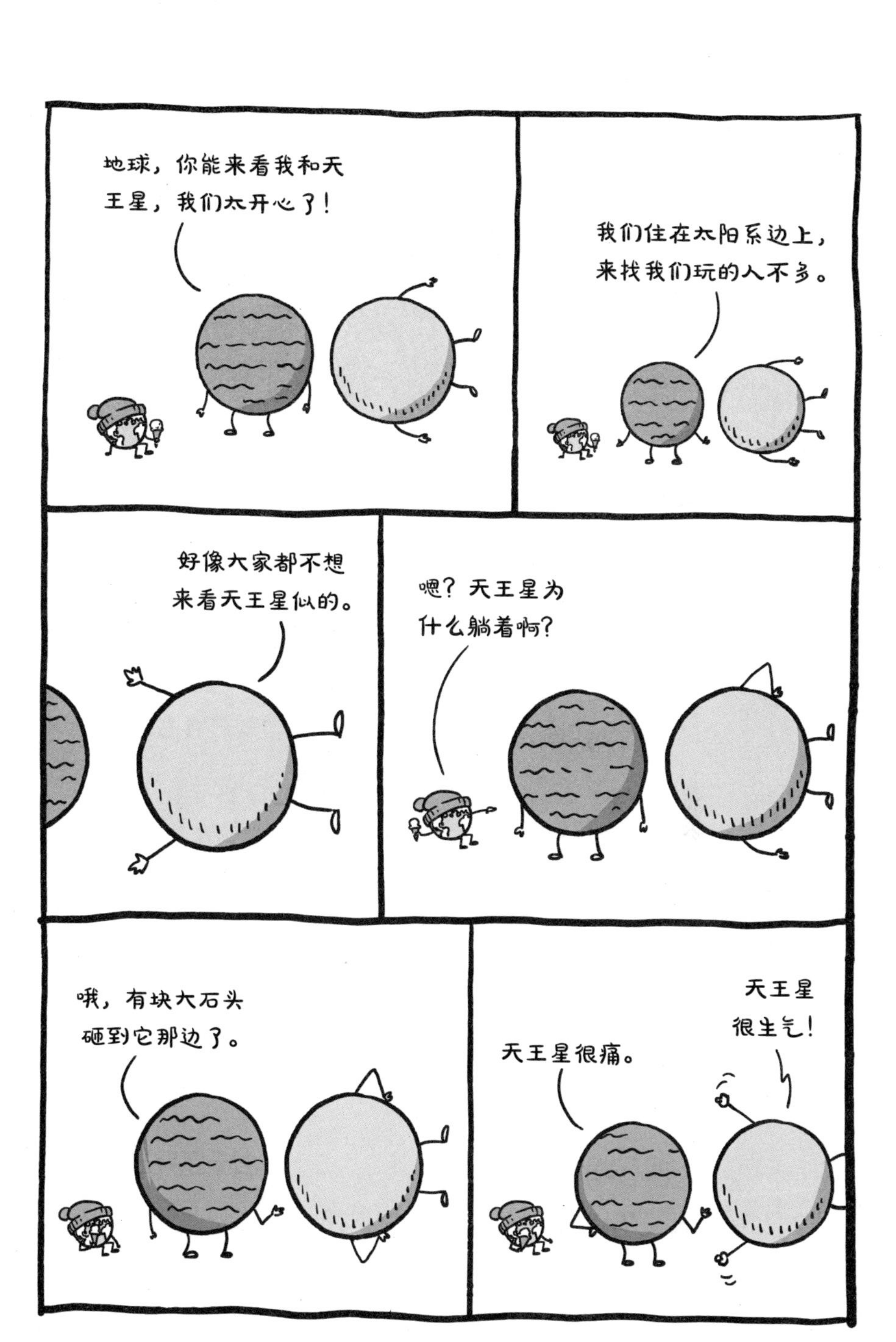
地球，你能来看我和天王星，我们太开心了！
我们住在太阳系边上，来找我们玩的人不多。
好像大家都不想来看天王星似的。
嗯？天王星为什么躺着啊？
哦，有块大石头砸到它那边了。
天王星很痛。
天王星很生气！

太阳系中的第七颗行星！

□ 天王星很大！
是太阳系内体积第三大行星。

□ 天王星很冷！
比北极还冷！

□ 天王星很臭！
它上面云层的味道
跟屁一样，臭烘烘的。

□ 天王星是歪着的！
这是唯一一颗躺着
旋转的行星。

天王星和海王星是太阳系的最后两颗大行星了，它们地处偏远，以至于根本不知道那是什么地方。它们的轨道（行星围绕太阳旋转的环状路径）**超级大**。

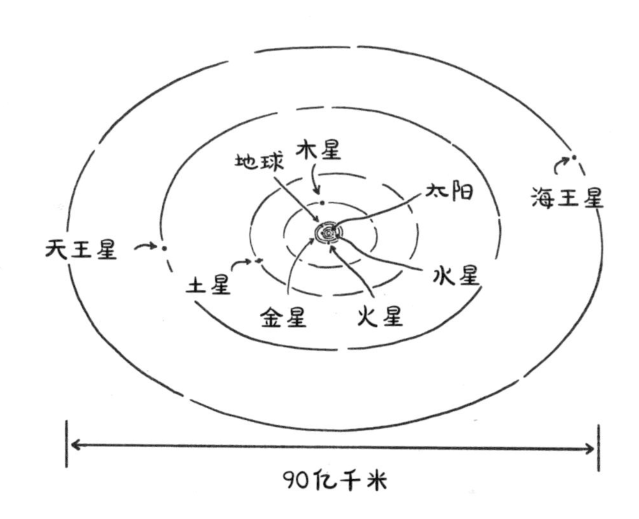

餐厅里，大家都**超**喜欢我们的漫画，尤其是最后两组。每天中午吃饭时，我们周围都聚集了一大群人，大家都忍不住哈哈大笑。我们就像是大红人！

吃完饭回来时，我和埃薇都很兴奋。

不料，后来在晨读室，副校长李先生来了，指着我让我出去。我上小学的时候经历过无数次了，他的手那么一点，我就知道：我惹事了！

出了教室，我看见埃薇也被带出去了。

我问李先生到底怎么了。他说他们在找今天中午在餐厅画漫画的学生。

啊哦，难道不让在餐厅画漫画吗？我们是引发骚乱了吗？那一刹那，我一下子就闪现回四年级的时候，想到了我以前的朋友何塞。

我上四年级的时候，有一次惹了事。那天我不小心把一个三明治从厕所马桶冲下去了。我说“不小心”，是因为我不是故意的，我只是好奇，把它冲下去会怎么样。没想到发生了意外，那件事也成了学校的传奇故事。

不巧的是，那天跟我一起跑的是我的朋友何塞，他为此也受了牵连。那之后，他奶奶跟他说不要再和我一起玩儿了。于是，我们就做不成朋友了。

那天我得到了一个刻骨铭心的教训：自己惹事的时候，要是把朋友也拉下水，你可能就会失去这个朋友了。此外，要想试验把什么东西从马桶冲下去，最好先把它掰成小块。

因此，当李先生问我是谁画的漫画时，我举手说是我画的，全是我画的。这样埃薇就没事了。

李先生有点不相信，于是让我当着他的面画一些东西来证明。我费了九牛二虎之力画了只兔子。

他还是不太相信。但我坚持说，反正都是我的错。没办法，他向另一位老师示意，把埃薇带回了教室，然后把我带到校长办公室了。

我的初中校长名叫拉贾戈帕兰，她说她从我小学校长纳罗博士那里没少听说我的事儿。我极其冷静地给她解释了那天发生的事情。

她说我当然可以在餐厅画画。她叫我来是想问一下，那个

漫画画的是什么。

好吧，这下我纳闷了。聊聊行星的故事怎么就不可以了？

这下换成拉贾戈帕兰女士纳闷了，她说她听说我画的是……嗯……**屁股。**

我一下子就想起来了，都是天王星惹的祸。你看啊，天王星这个词叫Uranus，音节要是拆分成ur-A-nus，听起来就像你在谈论什么关于屁股（anus）的东西。但实际上这个词的读音是URah-nus，跟屁股完全没有关系。

我跟拉贾戈帕兰女士解释了一遍，她还是有点怀疑。她说万一我是在隐瞒实情呢，万一我还藏着关于屁股的漫画呢？于是，我建议让专家给我做证。我问拉贾戈帕兰女士，能不能借一下她的电话，得到允许后，我拨给了霍华德博士。

接下来的情况是这样的：

霍华德博士：喂，哪位？

我：霍华德博士，你能发誓接下来你说的是实话，全部都是大实话，一句假话都没有吗？

霍华德博士：我就知道是你，奥利弗。

我：我在校长办公室呢，你得做我的专家证人啊。

霍华德博士：我要是把电话挂了，你还会打过来的，是吧？

我：为啥不打呢？

霍华德博士：唉，说吧，怎么了？

我跟霍华德博士讲了这件事，他跟拉贾戈帕兰女士确认了，漫画里画的就是天王星，没有其他乱七八糟的东西。

他说，天王星（读音为URah-nus）确实是躺着的。如果说其他行星围绕太阳运行时像陀螺一般自转，天王星的自转则像是在拧螺丝刀，或者说，是像橄榄球那么转。

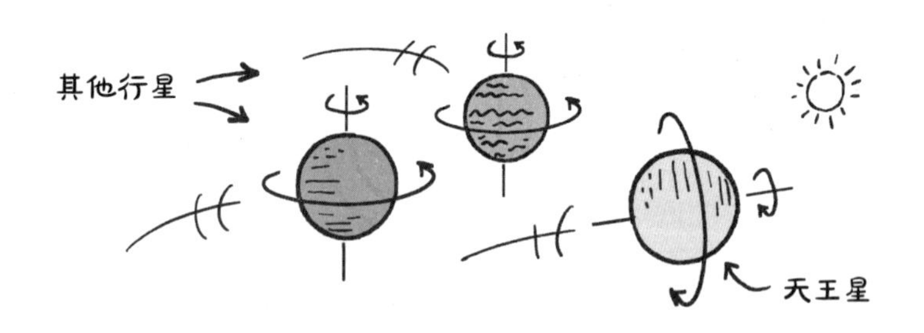

科学家认为，几十亿年前，有颗巨大的小行星撞到了天王星，于是它就只能这么转了。

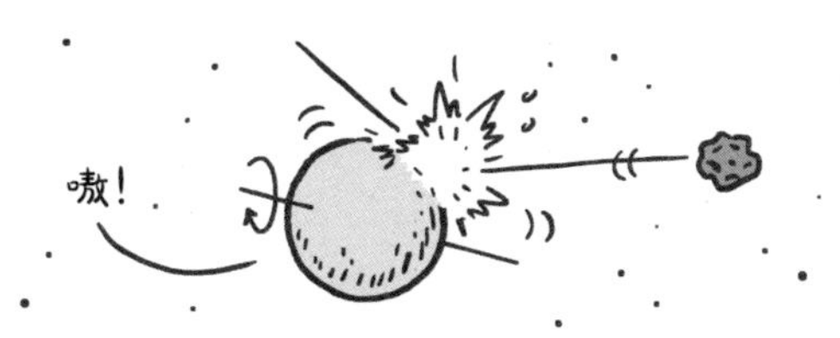

霍华德博士说，天王星这种旋转方式导致了这颗行星上的时间非常古怪。比如说，如果你住在天王星的北极，那么你的一天就会长达84年！他本想给我们来一场大演说，顺着PPT好好讲一遍，结果拉贾戈帕兰女士把他的电话挂了。

拉贾戈帕兰女士说，既然我写的确实是科学故事，那漫画也可以继续做下去。不过，她建议我在书上标注说明，把“天王星”这个词的读音讲清楚，免得再闹出“屁股危机”这样的乌龙。我又确认了一番，这个非做不可吗？

话没说完，校长一脚把我踢出了办公室。我跟埃薇说没事了，她超开心。

她说本来这事她也有参与，我不用一个人背锅的。我跟她保证她在我的书里一定会有署名。关于行星的漫画，再画最后一组也就差不多了。就是下面这组啦：

地球，怎么啦？
哦，冥王星你来了……

我就是觉得有点难过……

是因为你身上全是水吗？

不是啦，我只是觉得，咱们这么多行星，只有我上面有人类生存……

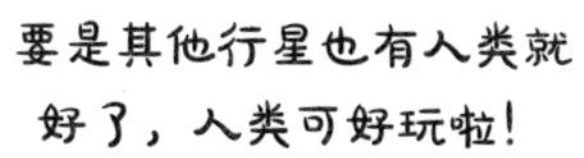
要是其他行星也有人类就好了，人类可好玩啦！

啊哦，你身上有东西冒出来了。
什么？

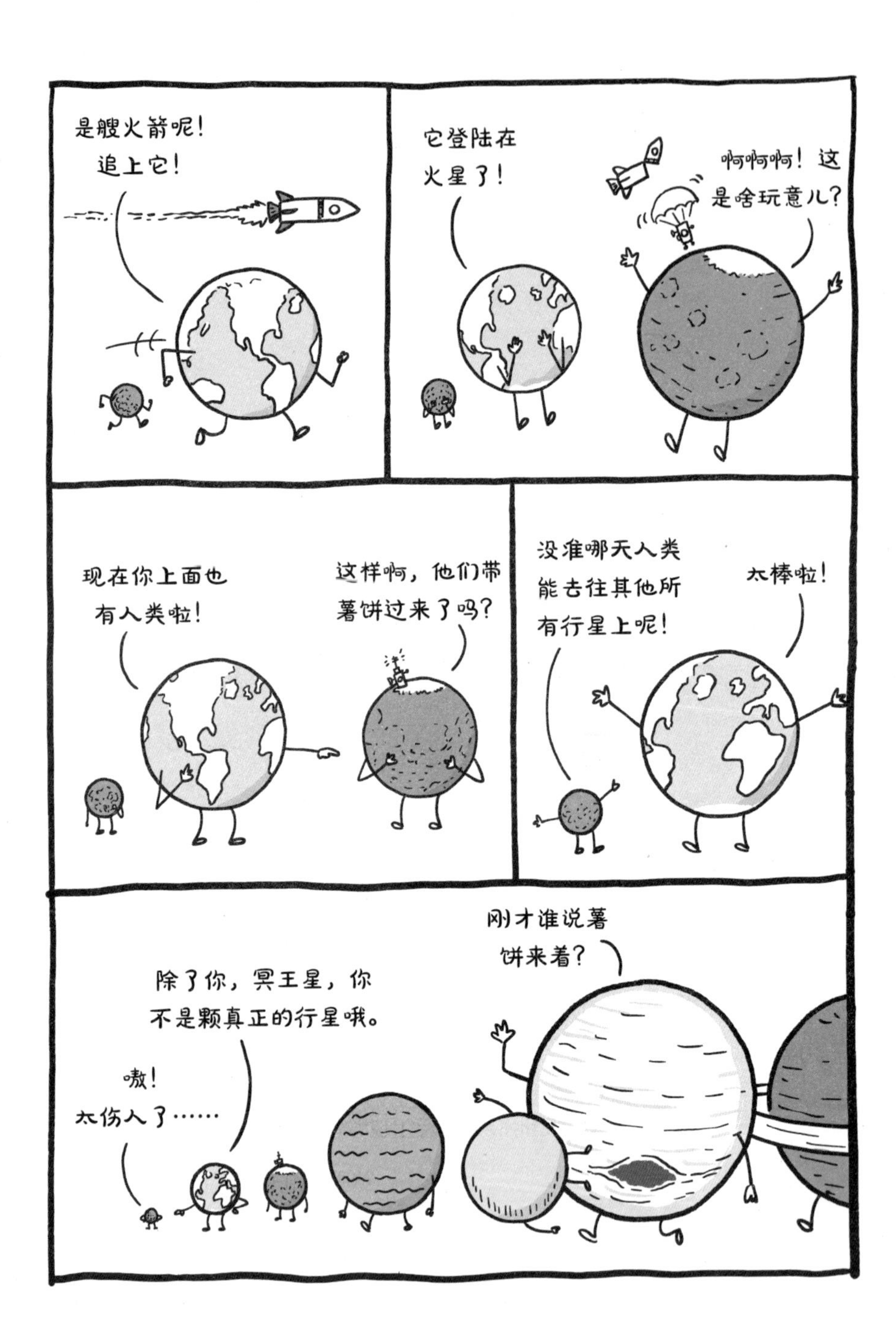
是艘火箭呢！
追上它！
它登陆在
火星了！
啊啊啊！这
是啥玩意儿？
现在你上面也
有人类啦！
这样啊，他们带
薯饼过来了吗？
没准哪天人类
能去往其他所
有行星上呢！
太棒啦！
刚才谁说薯
饼来着？
除了你，冥王星，你
不是颗真正的行星哦。
嗷！
太伤人了……

第六章
诡异的空间物质

怎么感觉周围这么**诡异**呢。

我自己一个人在家，把自己吓得够呛。我听到楼上好像有动静，不会是鬼吧？关键是，这天是每年最恐怖的一天：

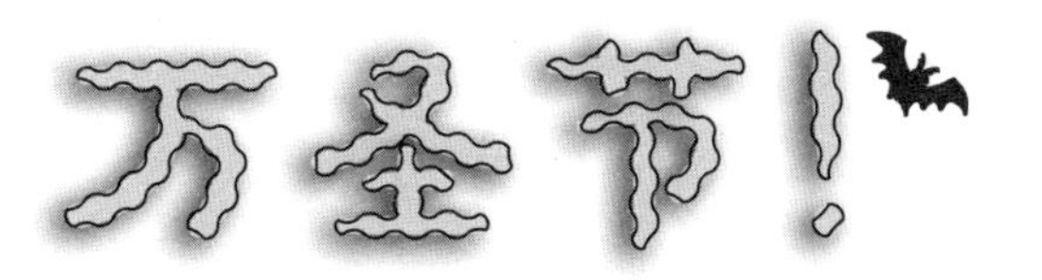

今年的万圣节一开始还是不错的。这天是周五，学校准许我们穿着万圣节服饰来上学。埃薇扮成了她最喜欢的日本动漫角色。我从来没听说过这个角色，但显然其他很多小孩都知道，这让她很受欢迎。

她那身装扮相当精致。而我呢，直到前一天晚上才想起还没准备服装呢。为了显得我很有创意，我想到了一个绝妙的点子。我把去年穿的忍者服掏出来，往里面塞了个枕头，还有沙发垫子。

谁都没看出来。我装扮的是黑洞啊！还有什么东西能比在宇宙里吞噬一切的神秘天体更恐怖的呢？我这一天到处晃荡，没一个人能猜对。

显然，人类需要科普。宇宙中那么多有意思的东西，得让大家知道才行。我跟同学说我晚上不跟他们去敲门搞那些“不给糖就捣蛋”的游戏了，我得回家写书。埃薇很是失望。

我装出一副对糖果不感兴趣的样子。晚上，妈妈问我怎么没出去要糖果，我说我长大了，不喜欢这些了。

可事实是，我**超爱**糖果。谁不喜欢糖果呢？那么甜，那么好吃。哪怕我变成老头儿了，我也想拎个袋子挨家挨户地要糖果。

现在的状况是，这事儿有点吓到我了。邻居们都穿着万圣节服饰出去了，整个街道看起来都让人瘆得慌。去年这会儿我出去要糖果，我的一个打扮成狼人的邻居突然跳出来，吓我一大跳。

所以，今年我打算待在家里写书。糖果的事不用担心，我自有妙计。我跟妹妹说了，她拿回来糖，分我一颗我就给她25美分。结果，她说我上次卡在沙发里那事还欠她钱呢。

我只好说，下次妈妈洗完衣服，再让我们叠衣服的话（这

是分给我俩的家务活儿），我替她完成她的一半任务量。她说行，这样的话可以把她今晚战利品的1/4分给我。我感觉这笔买卖挺划算的。（是吧？）

不管怎么说吧，我想过个免受惊吓的万圣节，这个愿望算是实现不了了。因为我爸妈带我妹妹出去要糖果，家里就剩我一人，我感觉这屋里像**闹鬼**了一样。没错，就像个“鬼屋”。

从大家离开后这种感觉就开始了。我本来坐得好好的，开始打字，结果没一会儿就感受到了一种诡异的氛围，仿佛这家里不止我一个人。

我一直觉得我家房子或多或少受过诅咒，因为总会发生点怪事，比如那次我和我妹妹玩大富翁，我**一连五次**和她落到了同一个格子上。这种事不太可能仅仅是巧合。

还有一次，我翻遍全家也找不到自己的历史作业，最后在我书包最里面找着了。我打赌是鬼放在那儿的。

我决定跟霍华德博士打个视频电话让他帮帮我。要说谁了

解鬼这种东西，肯定是研究宇宙的人了。鬼也是宇宙的一部分啊，对吧?

接下来的对话是这样的:

“霍华德博士，救命啊!
我家里有个鬼!”

“喂，奥利弗。你在搞
万圣节恶作剧吗?”

“不是不是!是真的!我一个人
在家呢，我感觉旁边有个鬼。”

“有点儿意思。”

一般霍华德博士说“有点儿意思”的时候，就说明没有人问过他这个问题。我猜这是第一次有人问他关于鬼的事。

“这么说你自己一个人在家，”霍华德博士说，“周围黑乎乎的，啥也看不见，但能感觉有东西在。”

“是，是的。”我答道。

“嗯，告诉你一个好消息和一个坏消息吧。好消息是，应该不是鬼。”

“真的？呼——”

然后他又说：

“坏消息是，可能是**幽灵粒子**。”

霍华德博士说，宇宙中有种物质叫中微子（neutrino）。我知道，这个名字听起来像一种脆脆的零食，还有点像一个速冻迷你热狗的品牌。但霍华德博士说，这种物质确实存在，而且跟鬼非常像。

想象一下周围都是一小点一小点的物质，但你根本看不见它们，也几乎感觉不到它们的存在。霍华德博士说中微子之所以如此，是因为它们和我们感受到的力不同。比如说，它们不会像我们一样推动或依附原子，光照在中微子上也不会反射。它们基本上只存在“弱相互作用力”，简称弱力，顾名思义，非常微弱的力。

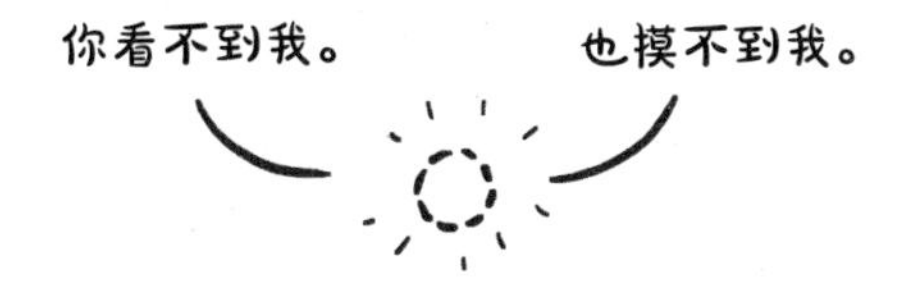

因此，中微子能直接穿透人的身体，如入无人之境，像鬼一样。

霍华德博士说，数十亿颗中微子从太阳中心发射出来，直接从地球穿过，仿佛地球不存在一样。

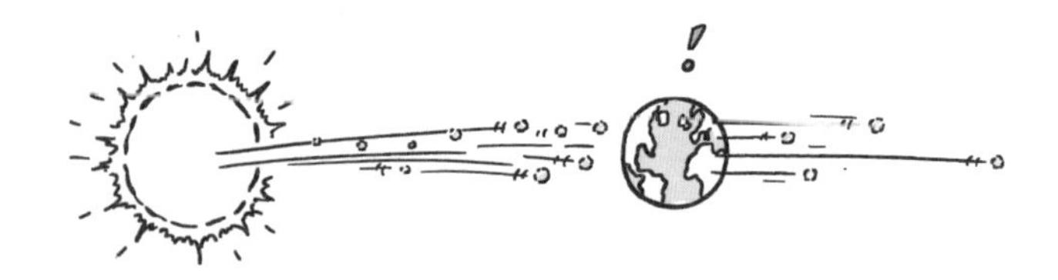

我问他，我屋里的鬼有没有可能其实是一堆中微子。他说：“也许吧。”

鉴于中微子也是能传递弱力的，所以你有时候也能感觉到好多中微子穿过了自己。只要一小颗中微子撞到你身体的某个原子，这种弱力也能让你感知到它的存在。

霍华德博士让我坐着不要动，看看能不能感觉到什么。

“坐好了吗？”他问我。

“嗯哼。”

“感觉到什么了吗？”

“嗯，我屁股好痒。”

“那应该不是中微子干的。”

“等下，我挠一下。啊哈舒服……嗯，现在坐回来了。”

过了一会儿，我还是啥也没感觉到。

“哦……那可能就不是中微子了。”他说道。

“啊！”

“也可能是暗物质。”

霍华德博士说，宇宙中还有**另一种**诡异的物质，叫**暗物质。**这是一种超级无敌神秘的物质。暗物质围绕着我们，跟中微子一样，也看不见（光在上面不会反射）、摸不着（跟我们推拉东西时施加的力不同）。

其实，暗物质比中微子更不易察觉，因为科学家觉得它连弱力都不会产生。也就是说，我们几乎无法判断它什么时候穿过了我们的身体。

我知道你在想什么。这种物质要是看不见、摸不着，我们怎么知道它是否存在呢？霍华德博士说，暗物质具有引力。引力能让宇宙中的物质聚合起来。你跳起来或者绊了一跤后还能落在地上，就是因为这种力。在你摔倒的时候，实质上就是在它的作用下，和地球聚合在一起了。

正是因为暗物质有引力，科学家才能通过观察星系的聚合方式判断它在宇宙中的位置。如果某个星系本不该聚合得那么紧密，却看起来相当紧凑，就说明它里面很可能有一堆隐形的暗物质，把它聚合在一起了。

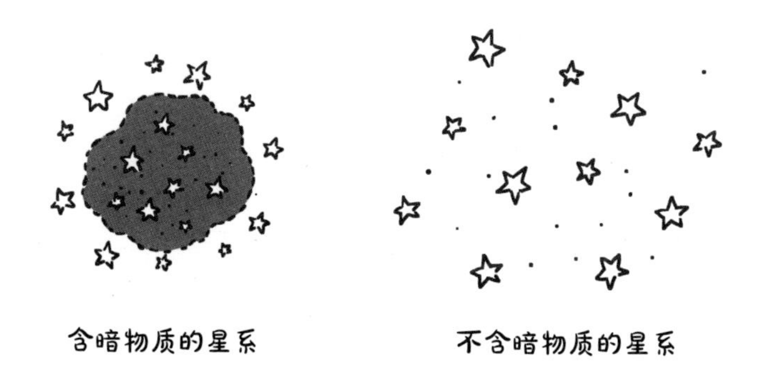

这有点像什么呢？你很容易就能判断出有人带了新款游戏

机，或者其他什么新鲜玩意儿来学校。要是上课前看到一群学生围在一起，那里肯定有好玩的东西。

我问霍华德博士，我家的鬼会不会是暗物质，他说："也有可能。"

"你屋里的引力有什么变化吗？"他问道。

"我确实感觉自己变重了。"我说。

"真的吗？"

"嗯哼，但也可能是因为我晚上吃了一整张香肠比萨。"

"我说的不是这个。"

"我吃太多啦，估计明天要在厕所产生很多暗物质了，你知道我在说什么吧？”

“不好意思，我知道。”

我左右看了看，引力好像没什么变化。我跟霍华德博士说，什么都没聚合，看着也没有飘起来或者重得不行的东西。不过，要真是那样就太恐怖了。

“嗯……”霍华德博士说，“说明这应该也不是暗物质。”

“啊！”

“也有可能是**暗能量**。”

宇宙里还有**其他**诡异的物质？霍华德博士说，暗能量是宇宙中的终极诡异体。这种东西甚至不是物质，而是纯粹的隐形能量。能量有多大呢？大到能让宇宙**爆炸**！

还记得我跟你们说过宇宙始于爆炸，而且现在还在爆炸吧？其实，暗能量就是让宇宙持续爆炸的东西。这是一种能把一切都**推开**的隐形能量。科学家不知道它是什么，也不知它是怎么产生的，因此给它起了个听上去神秘莫测的名字——暗能量。

霍华德博士说，暗能量不仅仅是把所有物质都推开，它还让宇宙变得更大了。暗能量拉伸着空间，让空间不断扩大。如果说宇宙是一个气球，暗能量就像是给它充气的泵，让气球不停地变大变鼓。

我跟霍华德博士说，我都不知道宇宙中居然有那么多诡异的东西。他说，诡异并不代表吓人，没必要害怕它们。拿暗物质来说吧，如果没有它，许多星系都无法聚合在一起，银河系可能都没法形成，我们也就不复存在了。

而如果没有暗能量，宇宙就会停止膨胀和爆炸，引力就会把一切再拉缩到一起，变成最初的那个小圆点儿。那就糟了，我们都得被压扁。

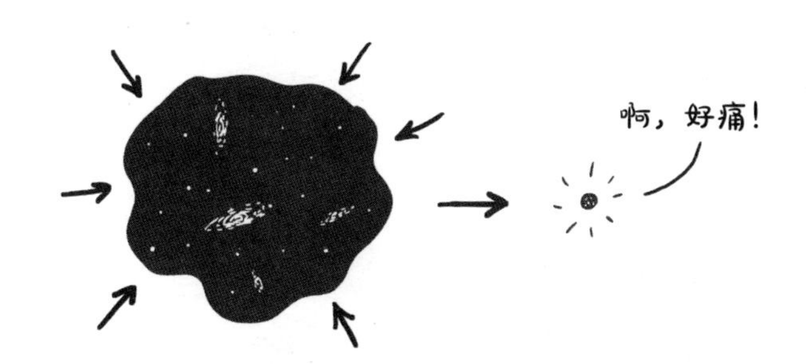

甚至连中微子也有用。考虑到它们是在恒星内部形成的，我们可以通过它们知道太阳是如何运转的。很多中微子诞生于恒星爆炸之时，因此它们也能告诉我们爆炸始于何时，有多猛烈。

听起来确实挺酷的。但我还有个问题要问。

……

“人呢？”

我们的视频突然断了。也正是那一瞬间，我听到楼上“咔嚓”一声。

我不知道那是中微子，还是暗物质，还是暗能量，我只知道有个东西在动。我能听见它顺着走廊一步一步从二楼走下来。

它要走下楼来了！啊啊啊啊！如果这段话是我写下的最后遗言，请让我妹妹看到，记得把今天晚上该分我的那份糖果作为我的陪葬品。

越来越近了！我能感觉到它就在我身后！

它是……

它是……

是我老爸。

原来是我爸爸一直在楼上睡觉来着。我在屋里感觉到的根本不是暗物质、暗能量之类的东西。

就是爸爸而已。

我又给霍华德博士打了个电话，跟他讲了到底怎么回事。他说他隐隐有种预感我不是一个人在家。不过，他还是觉得挺好笑的，我爸爸居然以为**我**是那个鬼。霍华德博士说，宇宙也是这样的。诡异的东西可不只这些（暗物质和暗能量），还有一种组成你我的那些普通物质。如果说宇宙是块蛋糕，它应该是这样的：

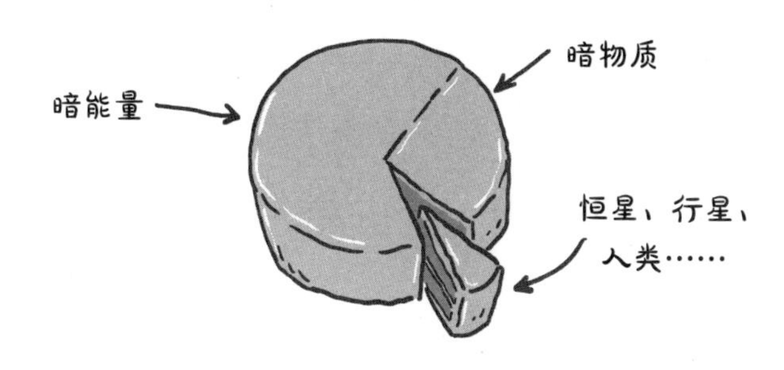

蛋糕的1/4是暗物质，2/3是暗能量。也就是说，宇宙中有

95%的物质是不可见的诡异成分，所有恒星、星系、行星、人类等只占一小份（5%左右）。对于宇宙来说，**我们**这些少数物质才是奇怪的诡异之物呢！

我挂了电话，听到敲门声。打开门，是埃薇和斯文。

我有点犹豫要不要去，后来还是决定勇敢一把。宇宙固然神秘诡谲，但有朋友的陪伴，倒也没那么可怕。

不过，人们还是猜不出我扮的是什么。

第七章

巨巨巨大的宇宙

你是否有过这种经历：干了一件错到离谱的事，结果演变成无法收场的大灾难？唉，我在美术课上就干了这样的事。不过，我这可不是什么大灾难——而是场**宇宙级别**的超级灾难！

我早该知道要坏事，因为我本来就没啥艺术天赋。别误会啊，我画星际争霸的传奇战场还是画得相当好的，有龙啊，还有其他的一些东西。前提是你不介意我画的小人儿都是火柴人，而龙看起来更像长鼻子的猫咪。

我小时候还是没少画画的，但有那么一次，我爸妈讲，我拿了根不掉色的马克笔在家里到处乱画。这种事本来没什么好奇怪的，小孩子不都这样嘛，只不过我这里的“到处”还包括我的小妹妹，还有她的一身衣服。

我都不记得我在她身上画什么了，不过我确定我的画工绝对有所进步。爸妈对此肯定不认同，因为那天之后，家里一根马克笔都找不到了。换句话说，我现在只能画画火柴人这样的简笔画了，水平没有一点提高，唉，都怪我爸妈。

我本不想上什么美术课。是埃薇觉得我们要是一起来的话会很有意思，于是我和斯文跟她一起报了这门课。出人意料的是，这门课跟画画一点儿关系也没有！

斯旺老师，也就是美术老师说，艺术可以通过任何方式来实现，不一定局限于画画。按照她所说，艺术没有规则。我问她，这是不是意味着我们在课堂上打个盹，或者打个电玩也行啊？她说，艺术没有规则，但**课堂**是有规则的。

然后，她给我们留了作业，让我们用黏土做个雕塑。斯旺老师说，想捏什么都可以，她手推车里有一吨黏土呢。一听这个，大家都兴奋起来。马特罗·S. 是我们班的超级艺术家，他说想从他最喜欢的歌剧里挑一幕场景来雕塑一下。那个剧作家叫什么来着？威尔第。大家都习以为常了。

埃薇说她想给自己的小仓鼠西奇做个雕塑。我说这应该不难，因为西奇看起来就像个小毛球，一天到晚不是坐着就是睡着。我这么说，埃薇并不觉得好笑。

就连斯文都知道自己想捏什么。他喜欢打网球，所以想捏个网球拍。我呢？毫无头绪。我问斯旺老师我弄个什么好。她让我好好想想有什么东西最能激发我的创作灵感。

然后我就想到了个好主意：做个宇宙的雕塑。我的意思是，我已经写了这么多关于宇宙的故事，闭着眼睛都能把它捏出来吧。而且，还没有谁做过像宇宙这么棒的东西呢，至少在原创性上我能加分吧。

不幸的是，倒霉事就从这儿开始了。

第一步是先找点黏土过来。找之前得知道我到底要用多少。于是我开始思索，宇宙究竟有多大。

我问过霍华德博士这个问题，他说这个话题不错，我应该在书里好好讲讲。他说，了解宇宙究竟有多大，有助于孩子们对什么什么有所了解，有能力去鉴赏什么什么……（此处插入学术讲座，我完全没记住，他一张嘴我就不想听了。）

不过，我倒是记得他后面说了什么，因为他用的那个词我好喜欢——“不可胜数”（bajillions）。你看啊，描述宇宙的体量总是离不开这个词。宇宙**太太太大**了。

首先，讲讲地球有多大吧。地球的直径大约1.2万千米（12 000千米）。听起来挺大的，但跟太阳一比就小很多了——太阳的直径约为140万千米（1 400 000千米）呢。要是把太阳和地球画在一起，看起来应该是这样的：

真的好大，是吧？而且太阳还不是最大的恒星呢。比太阳大好几千倍的恒星比比皆是。

比如，有一颗叫盾牌座UY的恒星，直径约23亿千米（2 300 000 000千米）。太阳放在它旁边是这样的：

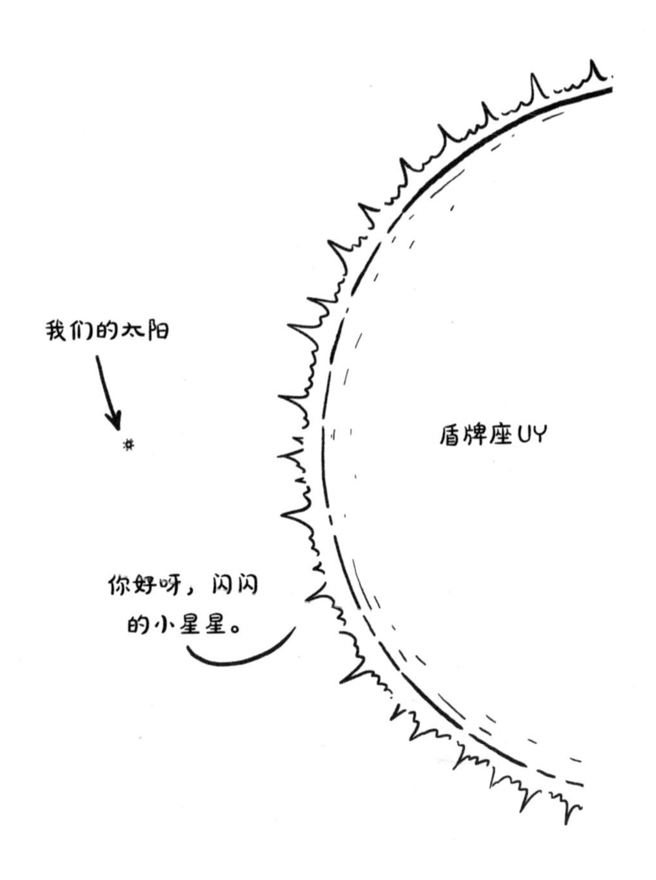

我知道，盾牌座UY听起来像动画片的名字，但我有什么资格跟这么个庞然大物争论呢？你能想象在它旁边是什么感觉吗？要是它让你“往边上挪挪”，你得跑多远。

霍华德博士说，到了一定体量后，用来描述宇宙中物体大小的数字就显得很搞笑。例如，我们的太阳坐落于一个满是恒星的旋涡星系，叫银河系。银河系的宽度有1 000 000 000 000 000 000千米。这零多到眼睛都数花了。

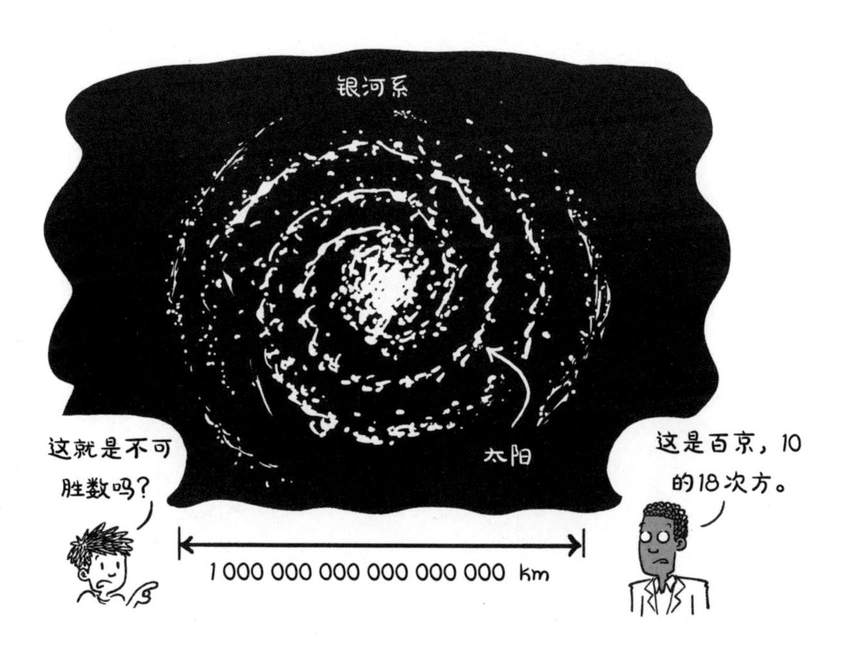

银河系有多大呢？光从它的一端走到另一端要10万年。光是宇宙中速度最快的东西，所以你知道10万光年有多大了吧。光有多快呢？只用1秒就能绕地球跑七圈半。想象一下你要是跟光跑得一样快，要想从银河系的一端跑到另一端，还得跑个10万年呢。银河系就是这么大。

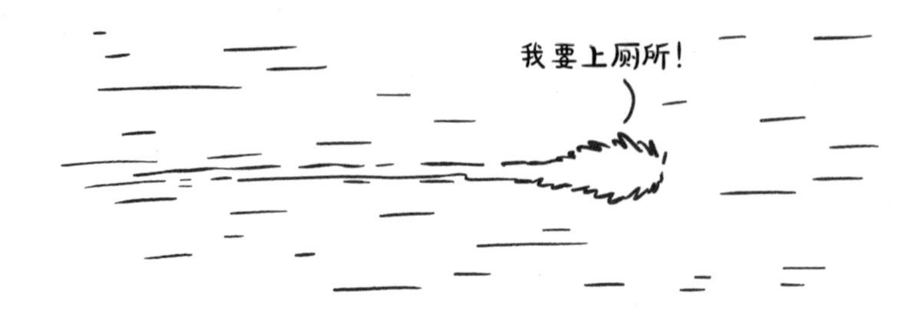

霍华德博士说，银河系只是拉尼亚凯亚超星系团（Laniakea Supercluster）中的一员，这个星系团里有好多好多星系，几十万个吧，宽度约5 000 000 000 000 000 000 000千米。

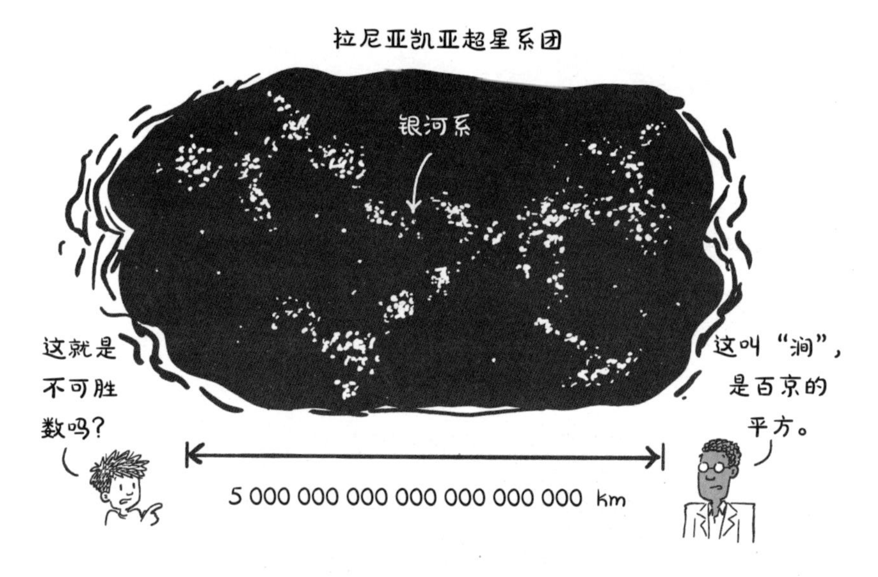

讲到这儿，我脑袋已经开始嗡嗡了。我们跟地球相比已是微不足道，地球跟太阳相比又是九牛一毛，太阳跟银河系相比只能说是沧海一粟，银河系跟拉尼亚凯亚超星系团相比更称得上微乎其微。宇宙有尽头吗？？没有。

霍华德博士说，宇宙中大概有1000万个像拉尼亚凯亚超星系团这样的超星系团。这样算来，就有不止2万亿个星系。我问霍华德博士，宇宙到底有多大。他说，据我们目前的了解，宇宙的宽度大概是900 000 000 000 000 000 000 000千米。

宇宙
（我们目所能及范围内）

拉尼亚凯亚
超星系团

这回是不可胜
数了吗？？

嗯，这
回是了。

900 000 000 000 000 000 000 000 km

显然，我需要好多好多黏土。要想用雕塑展现宇宙，我就要尽可能地做到最大。于是我问斯旺老师能不能再给我一些黏土。

我把黏土放在桌上，看着真不少。我又抬头看了看埃薇，突然觉得还不如做个小仓鼠呢。

你记得吧，霍华德博士说过，我们能看到多远，宇宙就有多大。也就是说，宇宙可能比我们所能看到的还要大。我问他为什么我们看不到整个宇宙，他说因为宇宙太大了，有些地方太遥远，那里发射的光还没有抵达我们这里。

霍华德博士把我们周围的物质叫做**可见宇宙**，这是我们用肉眼和望远镜所能看到的宇宙的一部分。整个感觉就像是在午夜时分，拿着一个小手电筒站在空旷的田野上。手电筒只能照到周围的事物，我们仿佛置身于一个范围有限的泡泡中，无法判断整个田野到底有多大。

可能你所在的田野很大，也可能手电筒所照出的“泡泡”范围就是它的整个大小。同样，宇宙的宽度可能是900 000 000 000 000 000 000 000千米，这是我们目前能够看到的最大范围，而实际数字可能比这还要大。

以防万一，我打算再要些黏土。斯旺老师正好不在教室，我就自己去拿了。对艺术保持科学的严谨性，我觉得她肯定会支持我的。于是，我用手推车把剩下的黏土都拉到我桌子旁边了。

埃薇看上去有点担心，但我告诉她这跟宇宙相比根本不算什么。霍华德博士说，宇宙有可能是**无边无际**的呢。也就是说它可以向各个方向**无限**延伸。

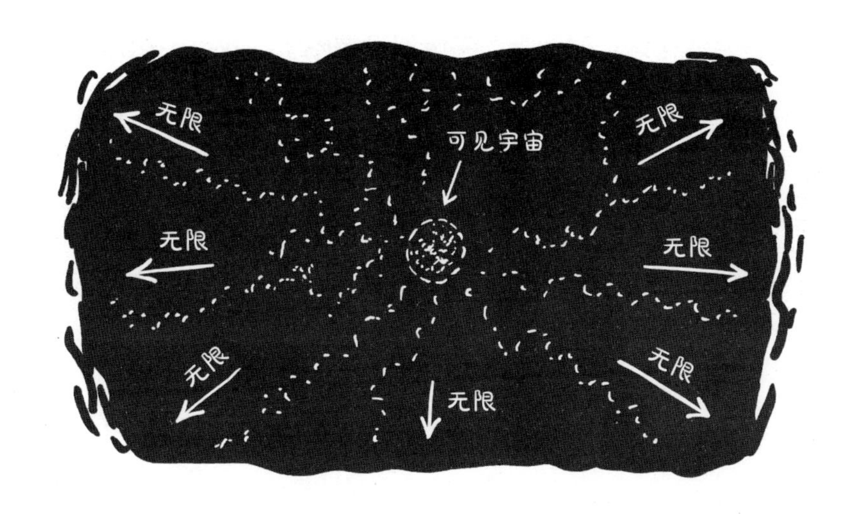

要真是这样，可就太精彩了。因为不仅空间是无限大的，恒星和行星也是无限多的。生活在无数行星上的生物也是不计其数的。换句话说，宇宙中可能有无数种**外星人**呢！

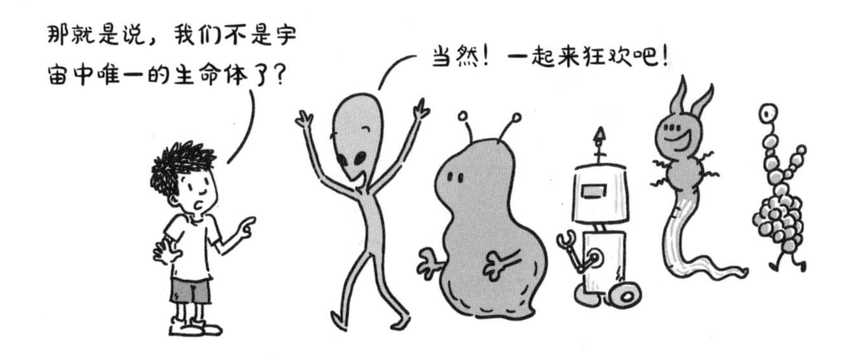

霍华德博士说，还有一种可能性，那就是，宇宙是**有限**的。也就是说，它不会永远膨胀下去。不过这种可能性对我来说是好事，毕竟斯旺老师的黏土存量有限。而且，要做个无限大的雕塑要花好长时间呢，午饭都没得吃了。我可不想为艺术而牺牲。

下一个难点在于，我不知道该把黏土塑成什么样子。要捏得像宇宙吧，可……宇宙是什么形状的呢?

霍华德博士说，我们很难说宇宙是什么形状的，因为我们所见的宇宙并不是完整的宇宙。我们看到的只是宇宙的一部分。（还记得我们说过的可见宇宙吧？）

不过，科学家曾在宇宙中做了些测量工作，对宇宙的形状有一些猜想。下面给大家讲一讲：

第一种可能性：无限的大肉丸子

霍华德博士说，假如宇宙是无限的，那它看起来就可能像个巨大的肉丸子。他用的不是“肉丸”这个词，用的是“大球层”，但我当时太饿了，所以就叫它肉丸子吧。

他说，如果宇宙是无限的，就可以想象，我们所见的宇宙像一个不断扩张的巨大肉丸球壳，永无止境地膨胀下去。

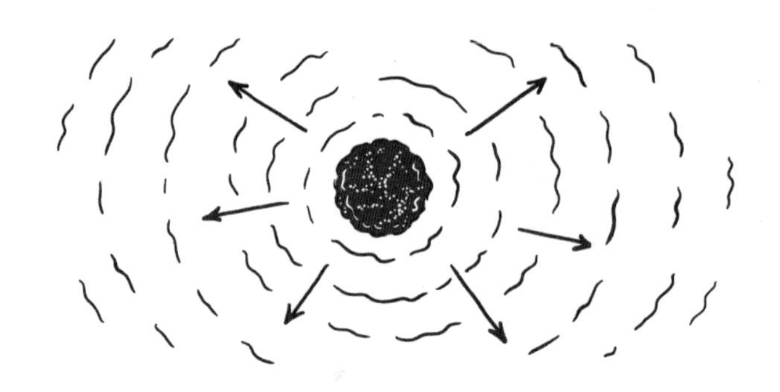

第二种可能性：宇宙卷饼

另一种可能性是，宇宙的形状像一条长长的卷饼。霍华德博士用的词是“圆柱体”，但是又长又圆的东西听起来就像卷饼一样（都跟你说了我饿了嘛）。

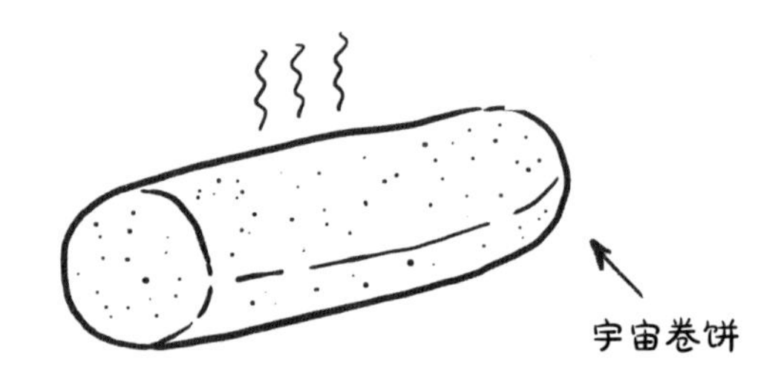

他说，如果是这样的形状，就说明宇宙在其中一端是无限的。假如沿着卷饼没封口的那端一直走，就能永远地走下去。但要是沿着卷饼封口的那端走，就会转个圈回到原点！

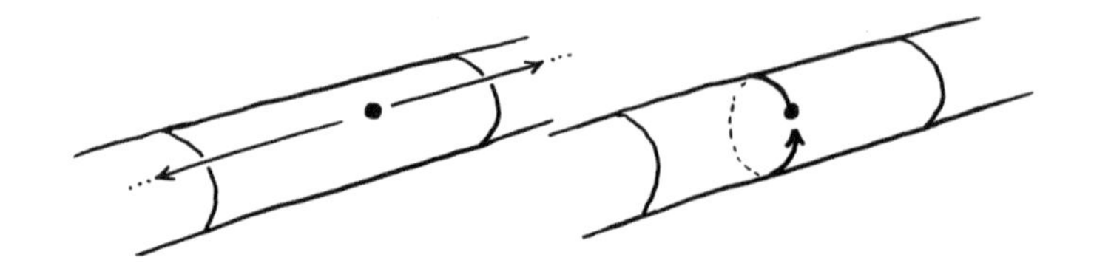

第三种可能性：神奇的甜甜圈

最后一种可能性是，宇宙的形状就像一个甜甜圈。说到这个名字的时候，我已经在想甜点了。霍华德博士用的专业术语叫“环面”，但科学家也会叫它甜甜圈。

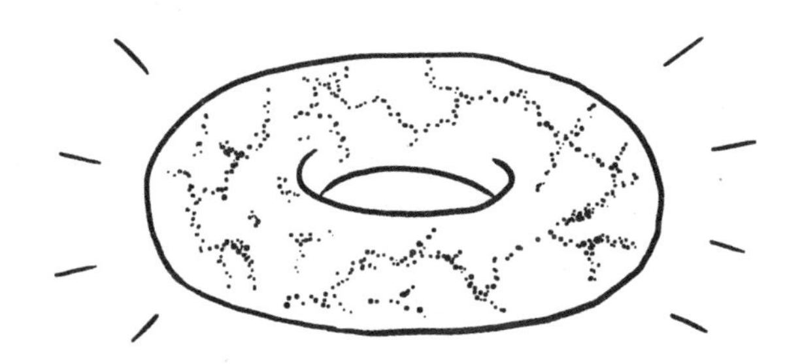

他说宇宙如果是个甜甜圈的话，也挺酷的，因为这意味着宇宙是有限的（沿着同一个方向走，不会一直走下去）。也就是说，不管你往哪边走，最后都会回到起点。真的，不信你看：

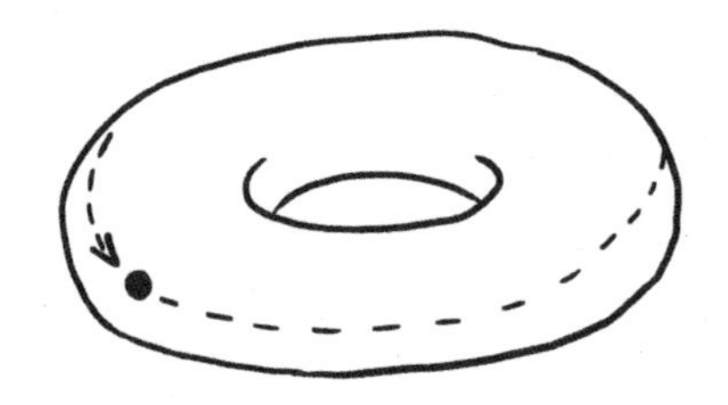

如果沿着甜甜圈的外沿走，就会转一大圈，最后回到起点。

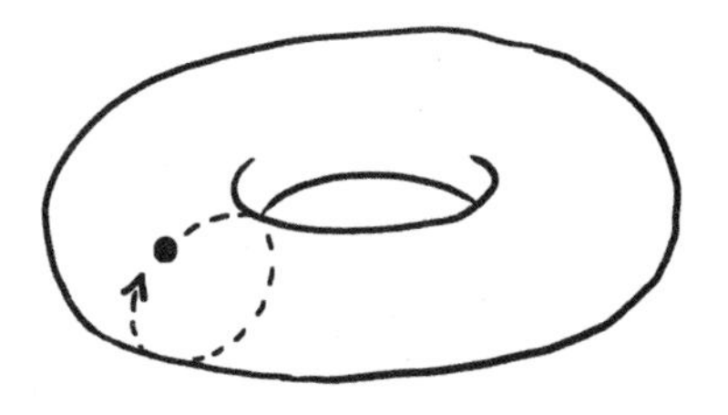

如果在圈里走，也还是会回到起点的，都一样。

这种情况放在宇宙里，你可以想象自己坐着宇宙飞船沿着一个方向一直飞，飞了很久，结果从**另一个方向**回到你先前离开的地方了。

不管怎么说吧，经过一段心路历程，我的雕塑桌上出现了一个大型甜甜圈。

之所以选甜甜圈作为宇宙的模型，是因为这个看着最好玩。我是说，你不觉得住在甜甜圈里很神奇吗？肯定比住在肉丸子或者卷饼里要好吧？

后来我跟霍华德博士讲了我做的甜甜圈，他说我其实不必非要选择特定的模型来做，因为有科学家认为不只有**一个**宇宙，在我们的宇宙之外可能还有**很多个**宇宙呢。这些宇宙或许形状各异，有的像甜甜圈，有的像卷饼，有的像甜甜圈和卷饼的合体。

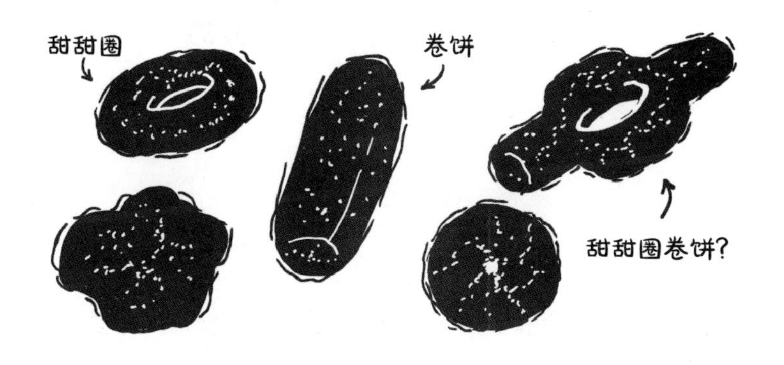

这个理论叫做多元宇宙，真是相当令人兴奋。想象一下，你本来以为只有一个宇宙，没想到还有这么多呢。

现在，我倒是希望自己能待在别的宇宙空间，因为这个宇宙里的灾难马上就要降临了。还记得我在前面说的，我犯了个宇宙级别的大错吗？那个放雕塑的桌子承载不了整个泥塑宇宙的重量，发出了轻微的断裂声。

突然间，桌腿断了，我的甜甜圈宇宙掉到地上滚了起来，往其他同学做的雕塑滚去！

我想跟大家呼救，可为时已晚。

可怜的西奇未能幸免。

斯文的球拍呢？眼见着到了局点、盘点、赛点。

还有马特罗呢？记得那句名言吧：“歌剧女郎开口前，一切尚未结束。”现在，她开口了。

就这样，我酿成了这场宇宙级别的大灾难，甜甜圈形的宇宙级别的大灾难。

我真的很抱歉！不停地道歉。

这时，斯旺老师回到教室。

我也不知道该说什么，话就这样蹦出了口：

她的反应震惊了所有人。

斯旺老师说这个想法太巧妙了，大家通力合作，把所有元素混合在一起，做成了宇宙的雕塑。她说歌剧演员、仓鼠、球拍都是宇宙的一部分。她被这个作品深深地打动了，给我们每个人都颁发了特制的小小艺术奖章，还都加了额外分。

我猜，霍华德博士说的大概是对的。就算知道了宇宙的真实图景又怎样？眼下觉得是灾难的事，放在宇宙的大背景下，

没准也会变成好事呢。

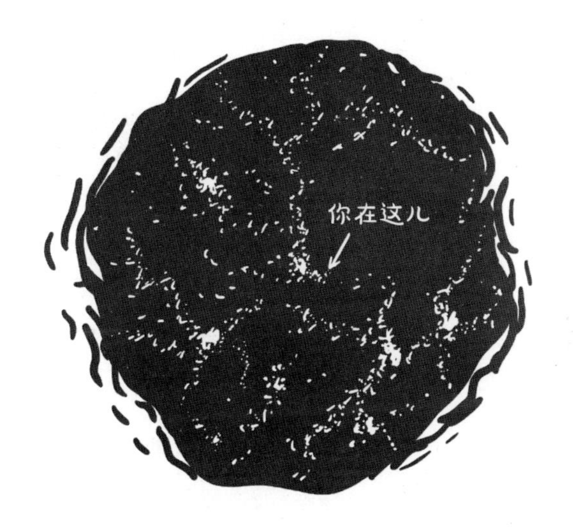

下课了，我们纷纷往食堂走去。这就是件好事情。讲了一大通宇宙级别美食的事让我打开了宇宙级别的味蕾。

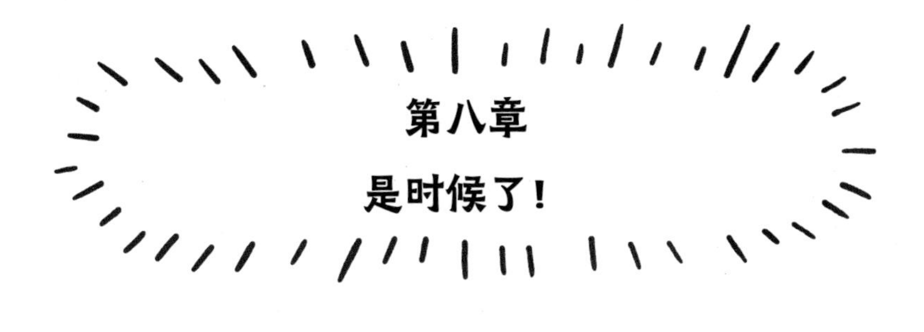

第八章 是时候了！

啊哦，我快没时间了。

你可能会觉得，像我这样的11岁小孩每天都闲得要命。可是除去上学、写作业、干家务、学空手道、上钢琴课、看漫画书和打游戏，我基本上就没有空闲时间了。

可我现在写书的时间快不够用了。巴伦西亚老师（我的科学老师）说我随时都可以在班上展示我的书，但是我要是真想把这件事做完，就得赶在放假前。上次我去拜访霍华德博士时，他就是这么跟我说的。事情是这样的。我好奇霍华德博士在哪里工作，于是我老妈就带我去了他大学的办公室。

“嗨！霍华德博士！”

“哟，你来得挺早啊。”

“这就是你的办公室吗？”

“对啊。”

“我以为还能再大点儿呢。”

“来找我做什么呢，奥利弗？”

我问了他一些关于宇宙的问题，他回答得都特别好。但说到最后，他突然给我抛了个重磅炸弹。

好吧，他不是要永远离开了。他说他要去印度工作，参与建造一台新的大型望远镜，需要待一年。全家都跟着去。那边是另一个时区，我就没法随时给他打电话问问题了。

关键问题在于，我得在他下个月走之前把书写完，这样一来时间就不多了。而且，还有一个惊天大雷！还是留到下一章结束时再告诉你吧。

言归正传。这一章里，我会给大家讲一讲我思考了很久的话题：**时间！**没错，是时候花点时间讲一讲时间（和宇宙）了。

还记得我在前面讲过我全家在暑假开学前一周一起去自驾游的事吧？我们那次去看望我表亲了，其实还算过得去（以后有机会再讲吧），就是开过去这一路太无聊了。

全家人就这么在车里干坐着。我妹妹也没闲着，我俩说好在后座上画条隐形的分界线，一人一半地方，结果她一直要越界。

她还一直抱着平板，我都没法用，也没法拿手柄打游戏——老爸不知道把它给塞到后备厢的哪里了。我能做的只有干巴巴地坐着，望着窗外的风景。真的是太——无——聊——了。有时候感觉时间过得好——慢——啊……每次我都要问我爸妈我们坐了多长时间车了，感觉时间好像凝固了一样。

我不能再问了，老爸说我要是再问一遍“我们到了吗”，他就停车把我扔到路边去。其实，我还挺想看看他到底会不会

这么做，但比起这个，我可不想让我妹妹一路上独自享受整排后座。

我甚至都无聊到开始做一些我平常几乎不会去做的事了，比如坐下来好好思考。我思考着刚才路过的那棵奇怪的仙人掌，思考着天上唯一那朵看起来像毛茸茸的大屁股的云彩。

接下来我又开始好奇，时间会不会对我来说过得比较慢呢？我确实感觉如此。于是，等我妹妹睡着后，我拽过她的平板给霍华德博士打了个视频电话。对话如下：

“啊哈！这是谁呀？”

“喂，霍华德博士，是我，奥利弗。”

“你怎么看着像只大兔子？”

“哦，这是我妹妹的相机滤镜，我不知道怎么把它关掉，不好意思。

“噢，等一下，我可以更换表情模式。怎么样，这样好一点儿吗？”

“没什么差别……还是说说有什么问题吧？”

我跟霍华德博士讲了我的理论，我说我感觉这趟旅行的时间过得很慢。结果他说我说得对！这着实让我吃惊不已。

霍华德博士解释说，关于宇宙，有件超级奇怪又十分有趣的事情，就是宇宙各处的时间不是完全一样的。他说，宇宙中有些地方时间过得慢，有些地方时间过得快。

这真的很奇怪啊，我们通常会认为各处的时间都是一样的，但霍华德博士说，宇宙不是这样的。他说，当这两件事发生的时候，时间会变慢：

1. 无限靠近巨大巨沉的东西；

2. 跑得足够快。

第一件事听上去还是相当炸裂的。也就是说，在你靠近黑洞（黑洞不就是超级大又超级重吗，毕竟它吞掉了那么多东西呢）的时候，要是有人在很远的地方看着你，对那个人来说，你就像在做慢动作一样。

除了黑洞，地球上也会发生这种情况：

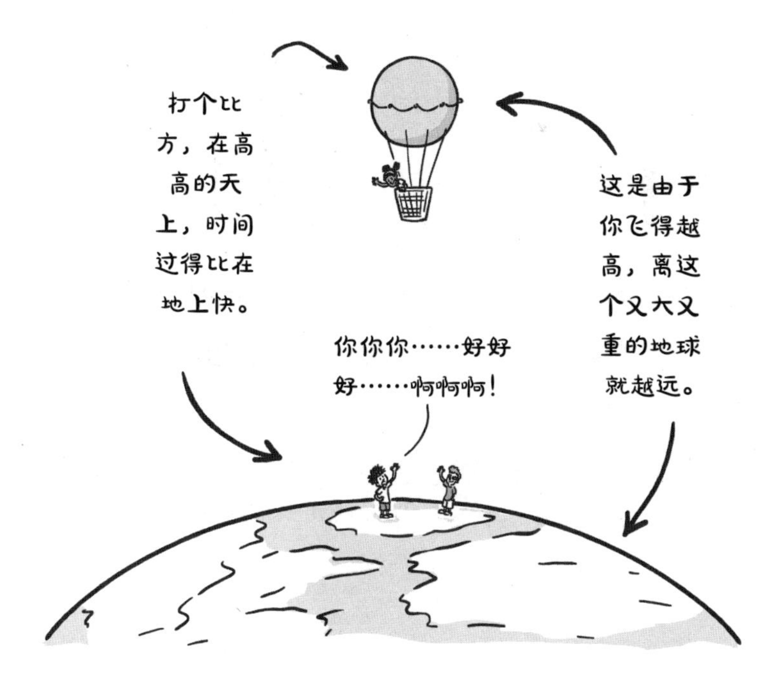

霍华德博士说，这种现象在地球上没有那么明显，因为地

球没有黑洞那么大、那么重。不过，虽然不明显，不代表没有。科学家做过一些实验，比如在热气球或飞机上，或者在高山上放置了钟表，跟他们在陆地上放的钟表对比了时间。过了一阵子，科学家便发现高处的表走得稍微快了一点点，大约每几小时快几纳秒[1]的样子。

想想还是挺酷的：地球上的不同事物，其时间流逝速度都有所不同。要是能钻到地底下，就离地球的中心更近了。霍华德博士说，地球中心要比地球其他部分年轻个几年，因为越接近这颗行星的中心，时间过得越慢。

1　纳秒，时间单位，1秒的十亿分之一。——编者注

这也说明，我们的**脚**比身体其他部分动得慢。站起来的时候，脚比头更接近地球，所以脚部的时间过得慢。

我问霍华德博士，这套理论放在我妹妹身上也适用吗？因为她个子比我矮，比我离地面更近，是不是说明她更慢呢？

另一件能让时间变慢的事情也很神奇。霍华德博士说，要是你走得特别快，时间也会变慢。这也是为什么他说我觉得坐在车上时间过得慢这套理论是对的。车在跑，所以车里的所有东西也在跑。

霍华德博士说，只要是在运动中的物体，时间都会过得慢一点儿。但如果不是运动得**特别特别**快，比如接近光速那么快，其实是感觉不到的。光速跟我爸爸开车的速度简直就是两个极端，所以霍华德博士觉得我们在车里的时间其实也慢不了多少。

霍华德博士说，假如你走得超级无敌快，就会发生一些奇怪的事情。我在车上还是超级无聊，于是我打算把下面的故事画成漫画。我要画的是一个史诗级的宇宙探险故事，叫做《传奇宇宙探险》！准备好了吗？来吧：

传奇
宇宙探险！
传奇宇宙探险家
奥利弗！
领衔主演

一天，传奇宇宙探险家奥利弗想要飞往另一颗行星……
传奇空间基站

于是他跳上超酷的宇宙飞船——
“传奇号”宇宙飞船
传奇号

拜拜！
他跟他的妹妹说了再见。可怜的妹妹由于个子太矮，离地球太近，所以动得很慢，看起来就像卡住了一样。
动作缓慢
3…2…1…
点火！
起飞！！
EPIC
轰隆隆！！

传奇
涡轮
进入宇宙空间后，他按下了传奇涡轮火箭按钮，飞得越来越快……
点击！
传奇号
很快，他便达到了光速！！！

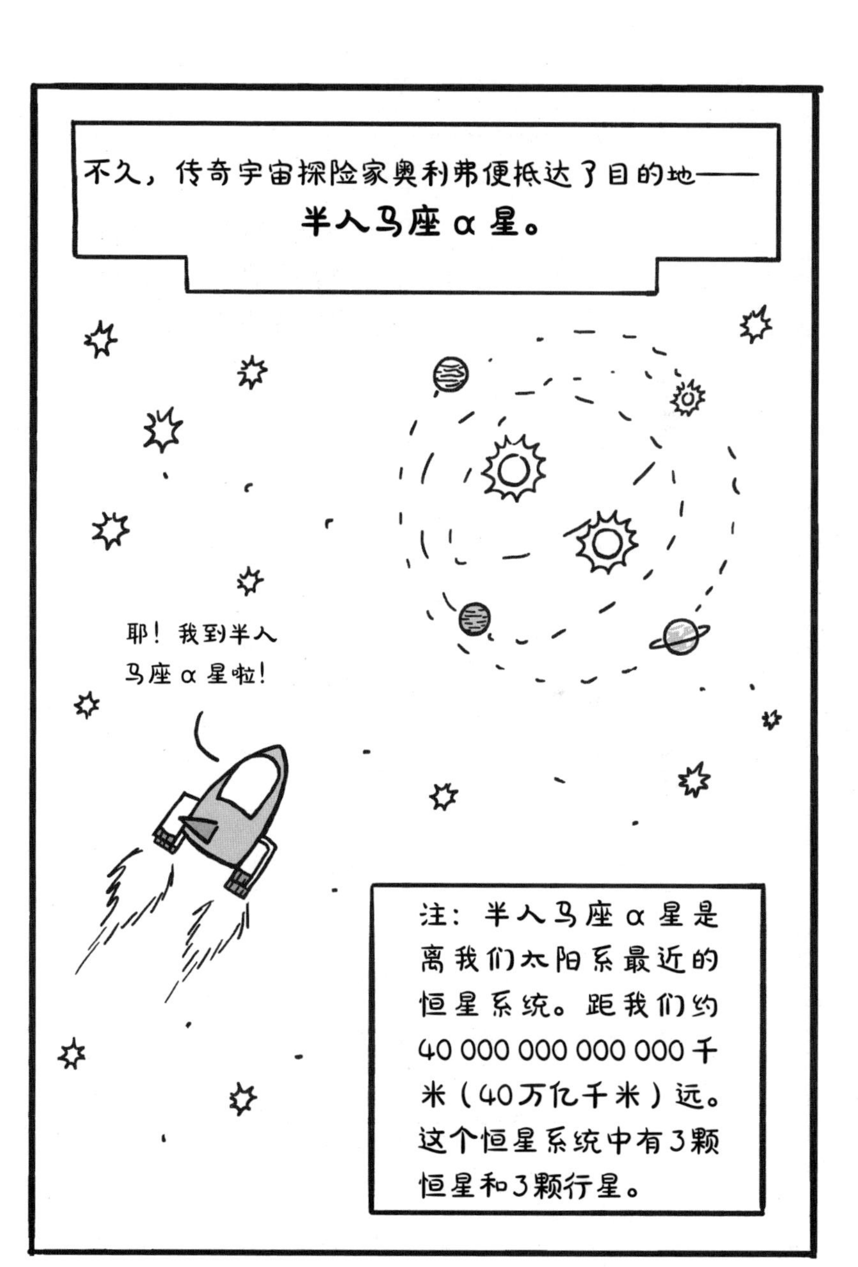
不久，传奇宇宙探险家奥利弗便抵达了目的地——
半人马座α星。
耶！我到半人马座α星啦！
注：半人马座α星是离我们太阳系最近的恒星系统。距我们约40 000 000 000 000千米（40万亿千米）远。这个恒星系统中有3颗恒星和3颗行星。

奥利弗在行星比邻星B（Proxima B）上登陆了。这颗行星跟地球差不多大。奥利弗躺下来享受着3个太阳的日光浴。
啊哈
欢迎来到比邻星B
引力场造出一块大气层
接下来他又启程了！
（这段旅程很短暂，但十分传奇。）

奥利弗又以接近光速的速度飞回了地球……
EPIC

!
但是，等奥利弗着陆后，
有一个超大的惊喜等着他……

奥利弗不在的这段时间，他妹妹长了9岁！现在，妹妹比奥利弗还要大了！！！
哈哈！现在谁是矮冬瓜啦，小弟弟！
不！！！

这个剧情转折相当不错吧？你们可能已经知道发生什么了。宇宙探险家奥利弗几乎全程都在那艘飞得相当快的宇宙飞船上，对他来说，时间过得相当慢。但对于他在地球上的妹妹来说，时间照常流逝，所以她长大了。

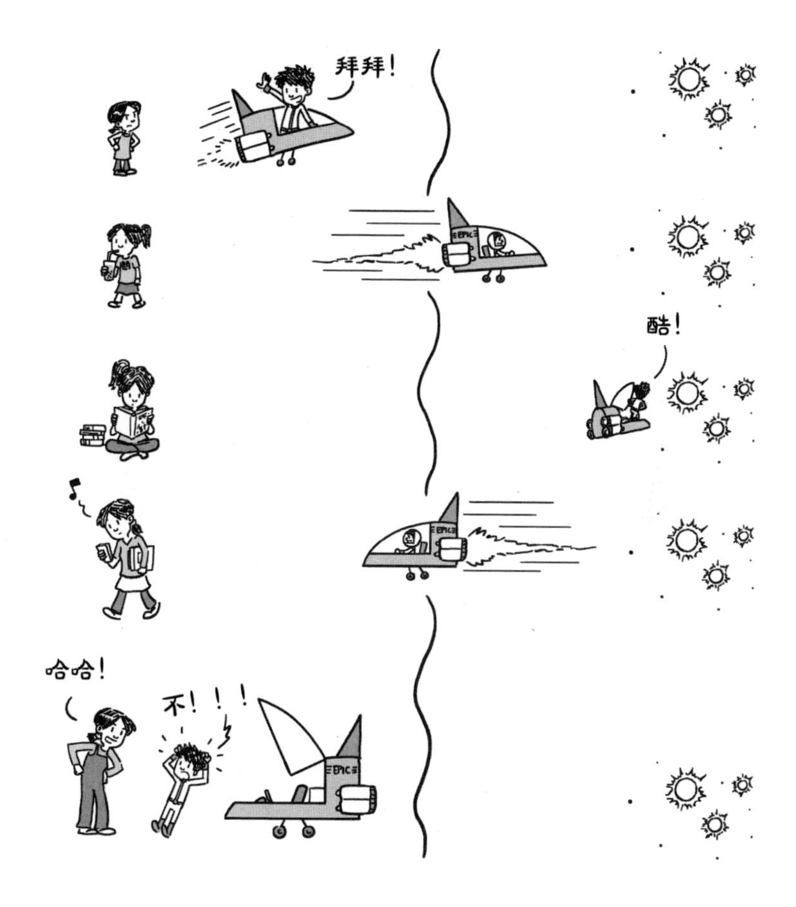

整趟旅程一共花了9年（也就是半人马座 α 星到地球的距离），但是，考虑到宇宙探险家奥利弗处于缓慢的时间轴上，他

很难注意到时间的流逝。

霍华德博士说，科学家也不知道为什么在这种情况下时间会变慢，也不知道为什么靠近又大又重的物体时，时间会变快。他说，这只是宇宙中的诸多怪事之一罢了。他就是这样对着一个顶着表情包大脸的小孩讲解的。

说到时间，虽然我老爸开车不快，但当我画完我的宇宙探险漫画的时候，不觉间已经到达我表亲家了。我想，就算没有以光速行进，坐下来思考一些事情也会让时间变快的。

说到令人震惊的剧情转折，我必须得讲讲我这周发现的另一个重磅炸弹。你可能已经注意到了，我的宇宙探险漫画画得

相当不错。因为这不是我画的，还是埃薇画的。那天放学，她跟我一起走回家，把我的故事重新画了一遍。

最后那几个月，我跟埃薇成了非常非常好的朋友。虽然我们没在同一个小学上学，但我们仿佛就是相识多年的老友。我们一起打电玩，一起聊日本动漫，或者聊起家里的兄弟姐妹和猫猫狗狗时，也很有意思。

那天，她爸爸来我家接她的时候，重磅炸弹来了。平时她跟我一起玩完之后都是自己溜达回家，今天是第一次她家长来接她。我打开门，差点惊掉下巴。

霍华德博士是埃薇的爸爸！！

我才意识到我好像从来没跟霍华德博士讲过埃薇的事，也从没问过埃薇的全名是什么（她全名叫埃薇琳·莱拉·霍华德）。知道真相的我们哈哈大笑。既然埃薇和我是好朋友，那我就可以随时去霍华德博士家里问他问题了。关于这事儿，霍华德博士好像没有我那么激动。

我本来还感觉不错呢，等他们越走越远，我突然意识到那个**真正的**重大转折是什么。

如果霍华德博士月底就要走了，也就是说，埃薇也要走了！

别走！

第九章
宇宙的尽头

好啦，就是这样了。该讲的都讲完啦。

我的整个初中生涯即将结束，这一切都是因为那只名叫西奇的仓鼠。

大家应该还记得西奇吧？在我讲我那个宇宙级别的灾难那回。它是埃薇的仓鼠，在美术课上埃薇还做了个它的雕塑。想起来了吧？埃薇觉得它特可爱，还把它的形象印在自己的T恤衫上呢。

关于西奇，我要讲的第一件事是，西奇再也不是埃薇的仓鼠了，它是我的仓鼠了！那天，我得知埃薇要跟家里人离开这里，去印度待一年，埃薇跟我说有件很重要的事想拜托我。

她没法把西奇一起带走，所以问我能不能帮她照看它。老实讲，我对小毛球不是很感兴趣，但埃薇说，西奇对她而言意义重大，况且她表示她会经常给西奇打电话说说话的，我想，有了这个小毛球，我倒也能经常跟她保持联系了。

埃薇在临走前一周把它送过来了，让我熟悉一下怎么养仓

鼠，教了我一些基础知识。

我要讲的第二件关于西奇的事是，它已不再是我的仓鼠了。因为它离开我们了。我保证，自己真的好好照顾它了！前几天，我给它喂饭、换水、打扫卫生……我甚至跟这个小家伙培养起了感情。

可是有一天早上，我去打扫它的塑料箱的时候，发现盖子竟然留了个小缝没有关上。我往里看才发现，西奇不见了！

它肯定是顺着箱子爬上去，然后跑了！我到处找它。是不是爬上窗户跳出去了？是不是从我旁边跑过去，偷偷从前门溜出去了？我只知道，我怎么也找不到它了。

我好难过啊！埃薇知道了该怎么办？我一点儿也不想把这事告诉她。最糟糕的是，这一切都发生在我要在巴伦西亚老师的科学课上展示我新书的那天。那天早上，我一边往学校走，一边祈祷着宇宙快点毁灭吧，这样我就不用展示自己的书了，也不用告诉埃薇这个悲剧了。

我走在路上，想来想去决定还是给霍华德博士发个消息吧。

“嗨，霍华德博士。”

“早啊。奥利弗。西奇怎么样了？”

“嗯……那个……这事吧，唉……宇宙在20分钟内终结的可能性有多大？”

“几乎为零。”

“噢。”

我又问霍华德博士，宇宙是否可能走向终结。他说可能性不大。

“大多数科学家认为，宇宙会永远存在下去。”他说道。

“我明白了。”

“不过吧……”

“什么？”

“不过也可能会发生些怪事。”

霍华德博士说，宇宙可能发生三件事，而且都依赖于——屁。还记得我讲过宇宙伊始，就像一群学生挤在走廊里，有人放了屁之后大家四散而逃吗？

其实，宇宙也可能因为类似于那个屁的作用而发生些变化。我还讲过，宇宙至今仍在不停地爆炸，对吧？这种爆炸基本上就是靠这个“屁”来驱动的。不知道你还记不记得它的名字，科学家叫它“暗能量”。

第一种可能性是，这个屁在四周氤氲，不断扩散。也就是说，学生们会不停地朝各个方向逃去。

最终，大家都跑了好久，彼此间距离很远。

周围没有人，大家又会感觉超级无聊。

如果暗能量在宇宙中氤氲扩散，这就是宇宙的样子。

宇宙会变得越来越大，里面的所有东西也会离得越来越远，远到大家都感觉没意思了。

科学家把这种现象称为“宇宙的热死亡”（热寂，heat death of the universe）。不过，我想到了一个更好的名字，可以叫“**大叹息**”。霍华德博士挺赞同的。

“嗯，确实，‘叹息’可以很形象地描述宇宙达到最大熵时的状态，或者说那种极其没滋没味的感觉。”他说道。

“是吧！他们应该让我去负责给科学界的事物命名。”

霍华德博士还给我讲了宇宙中可能发生的另外两件事，我一会儿再跟你们说。这三种情况里，“大叹息”最能表达我到学校之后的感受。我还没做好心理准备告诉埃薇发生了什么，所以一直躲着她。

斯文发现我了。我跟他说我把西奇弄丢了，他也认为埃薇肯定会大发雷霆的。斯文说他感同身受，因为他曾经养过一条宠物蛇，有一天蛇在家里丢了，他爸妈可没给他好脸。

第一个课间之前躲着埃薇还不难。早上上学大家都匆匆忙忙，路上拥挤不堪，我藏匿在人群中也不容易被发现。倒是很像宇宙中可能发生的另一件事。霍华德博士说，第二种可能性是暗能量（也就是导致宇宙爆炸的元凶）可能消散掉，就是……消失了。类比一下就是让学生四散奔逃的那个屁突然消失了。

这下大家就没有理由继续跑了，然后会陆续掉转回来再次聚集在一起。

没过多久，大家都回到一开始在的地方，紧紧地挤在一块儿。

在宇宙里，能让物质聚集在一起的就是引力了。引力能把宇宙中所有的恒星和星系都拉到一块，再把它们狠狠地压缩成一个小点儿，可能永远都会是这样了。

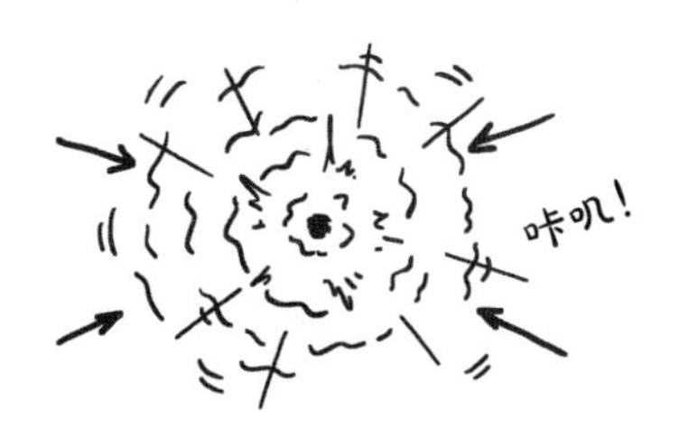

霍华德博士管这种情况叫做“大咔叽”，要是我的话，我也会这么叫，所以……这回科学家取的名字还不赖！

说回学校。从第一个课间开始我就一直躲着埃薇。第一节课我跟她不在一块儿上，但我第一节课是科学，我得做课堂展

示，给大家讲我的书。我都快走进教室了，巴伦西亚老师看见了我。

枉费我各种躲啊藏啊，结果巴伦西亚老师还是把我暴露了。

我借着翻书的借口蹲下去藏在人群里。

这时，我**摸到**它了！

那堆书中间有一个又小而又毛茸茸的东西。它就是……

原来西奇钻进我书包里了，一直藏在这儿呢！小家伙还知道怎么让自己不被挤到。我从未因为见到一个小毛球而如此开心过。我好想给它个抱抱，不过，考虑到我们还在学校，我可不想被别人看见我在跟一只仓鼠抱抱。见到西奇，巴伦西亚老师有点惊讶。

我想西奇见到巴伦西亚老师也挺惊讶的，因为它“嗖”的一下从我手中跳了出去。你知道在电影里，当发生相当戏剧化的情节时，都会有慢镜头，对吧？没错，西奇从我手中跳出去的一刹那，我就是这么觉得的。

更糟糕的是，西奇直奔着那一大群往教室走的学生去了。

我一下子慌了神儿，不知所措。我想大喊一声："仓鼠跑啦！"但又不想造成恐慌。那一瞬间，我想到了霍华德博士给我讲的宇宙中可能发生的第三件事。他说，未来宇宙中的暗能量有可能**更加强大**，大到能把宇宙**撕裂**！想象一下，走廊里的那个屁突然变得愈加浓烈，越扩散越臭，岂不是会加剧混乱！学生们会发疯似的乱跑，甚至造成踩踏事故。

霍华德博士说，科学家管这种情况叫做"大撕裂"，因为宇宙迅速膨胀变大，所有星系、恒星和行星都会被撕成碎片。

这场面……可不好看。我也怕在学校搞成这个样子。唯一的问题是，这也不是我能决定的啊。已经有人看到在地上蹿来蹿去的西奇了。

我赶紧跟在西奇后面追，就怕事态恶化，可是人群太密集，我根本穿不过去。万一有人不小心把西奇踩扁了怎么办啊？？？

就在这时，我听到一声呼喊。

是埃薇！

大家都停住了，西奇直奔着她跑了过去。

我确实需要给埃薇解释一大堆，但她并没有生气。见到西奇安然无恙她就开心极了。

之后，巴伦西亚老师说可以把西奇放她教室里待一天。西奇这个小毛球竟然成了学校的“小名人”。

大家可能还想问，我的书在班里介绍得怎么样了？我跟巴伦西亚老师说，这本书还没写完呢，我想再多写一章，讲讲宇宙的终结。也就是你们现在读的这章。巴伦西亚老师说我一写完就可以拿来给大家看了。

好啦，简单总结一下：宇宙可能永远都不会终结，但还是会发生一些奇奇怪怪的事。宇宙可能会变得越来越大，也有可能收缩在一起，甚至还可能被彻底撕裂。这一切都取决于暗能量（类比走廊里的屁）最后会怎么样。

不过你不必担心，霍华德博士说了，就算宇宙会被压碎或者被撕裂，那也是几十亿甚至上百亿年之后的事情了。科学家也对宇宙空间做过测量，结论是应该不会发生这样的事。宇宙大概还是会继续生长吧，天体离得越来越远，越来越孤独无趣，我还是能接受这个结局的。说实在的，这阵子刺激的事发生得也太多了。

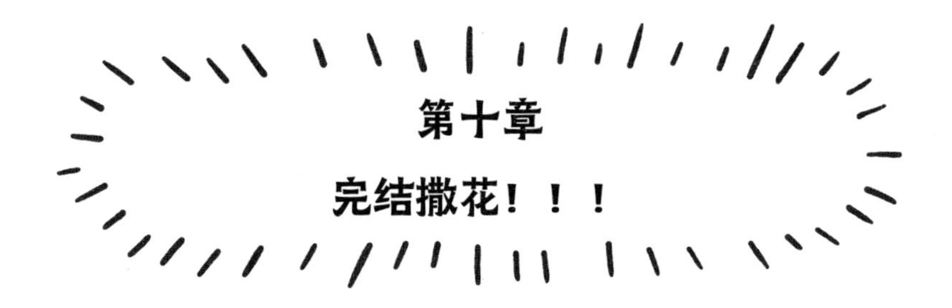

第十章

完结撒花！！！

几天后，我在班上展示了我的书。我有点紧张，但感觉大家都挺喜欢它的。有些同学后来还找过我，问我能不能借他们看看。

我跟大家说，我会再给他们多印几本，但目前手头上只有一本，是准备送给别人的。那天放学后，老爸带我去霍华德博士家送书。幸好赶上了！我到的时候他们马上就要出发去机场了。

霍华德博士表示很期待读一读我的书，还说是不是他看了书，我就不用再追着给他打电话了。我跟他说，我现在可是宇宙专家呢，要是有问题，可以随时**给我**打电话！

埃薇看到书里她的画作激动不已。她说她去印度之后，我们还可以再合作一本。

我说让我考虑考虑吧。

无论如何，我们肯定会保持联系的。她只是去另一个国家，又不是进了黑洞或是啥的。

就是这样啦！希望大家喜欢这本书。到头来，我发现自己还是擅长一些事情的，那就是胡说八道。我相信你们也有自己非常擅长的事情，哪怕现在还没发现，但迟早有一天会发现的。毕竟宇宙这么大呢，是吧！

漫画彩蛋！
传奇
宇宙探险家
奥利弗
和
他的外星人搜寻之旅！

传奇宇宙探险家奥利弗无聊透了，
他最好的朋友埃薇去国外了。

没多久，
他想到了一个**超棒**的点子：

就算他妹妹（哦不，现在是姐姐了）说已经给他打扫完
房间了，奥利弗还是跳上宇宙飞船，扭头就出发了！

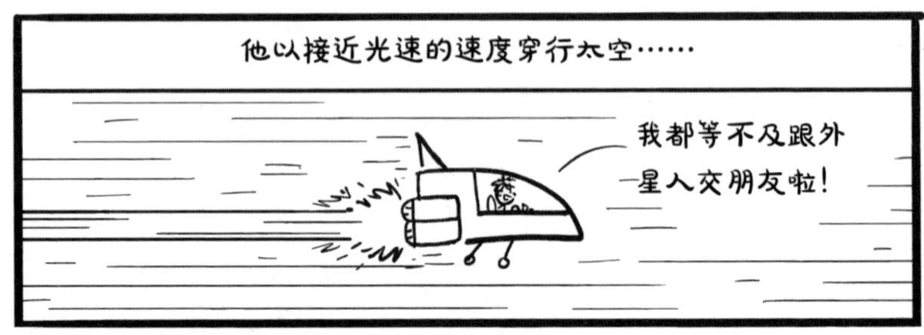
他以接近光速的速度穿行太空……
我都等不及跟外星人交朋友啦！

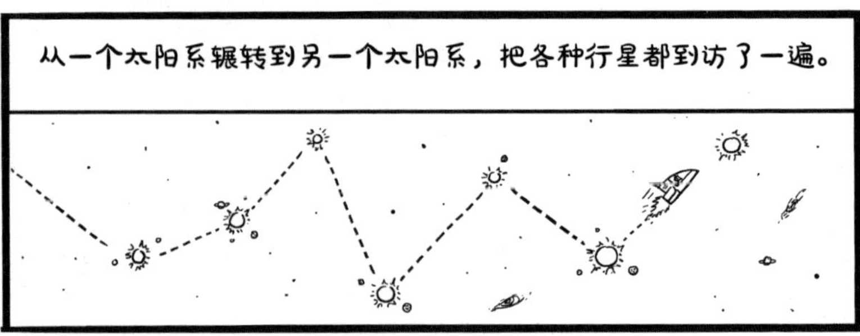
从一个太阳系辗转到另一个太阳系，把各种行星都到访了一遍。

有些行星离它们的恒星太近了，温度太高，外星人没法存活。
哟吼！

有些行星又离它们的恒星太远，温度太低。
哆哆！

有些行星位置刚刚好，但缺少其他要素，比如水和空气。
呼呼！

奥利弗有点累了，
检查了一下还有多
少行星没有去过。
?

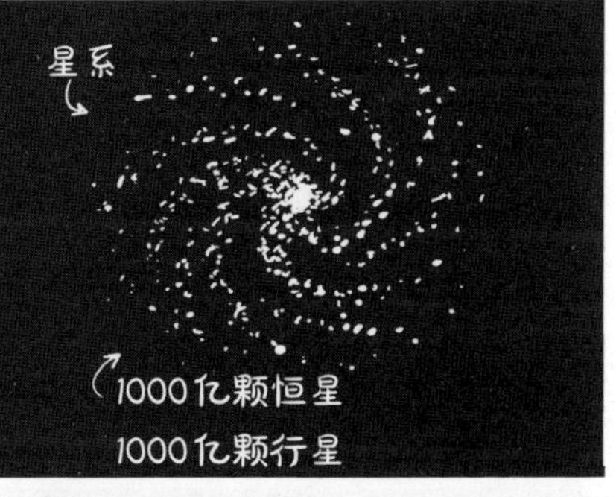
看着看着才发现，每个星系都
有大约1000亿颗恒星、1000亿
颗行星！（有的恒星周围的行星
很多，有的周围一颗也没有。）
星系
1000亿颗恒星
1000亿颗行星

在可见宇宙中大约有1000亿个星系，也就是说，他还有
10 000 000 000 000 000 000 000 颗行星要去！

于是，奥利弗放弃了寻找外星人之旅，回了家。又以近乎光速的速度穿行太空。
我有点饿了。

到家后才发现，还有另一个惊喜在等着他呢。
嗨！
！

他妹妹像被复制粘贴一样出来更多！
嗨！
嗨！
啊啊啊啊！

原来，他走了太久了，又几乎是以光速移动，这段时间地球上已经过了60年。她妹妹已经结婚，并生下了三胞胎，而这三胞胎又各自生了三胞胎！

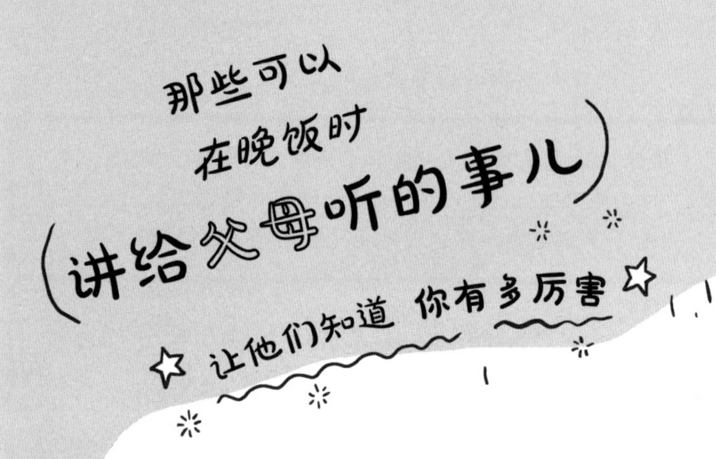

宇宙最初比小圆点儿还要小！

太阳在永不停歇地收缩爆炸！

黑洞是宇宙中的洞！

用任何东西都能造出个黑洞！

要是不慎掉入黑洞，可能就再也出不来了！

几十亿年之后，太阳会长得好大，把地球都吞掉！

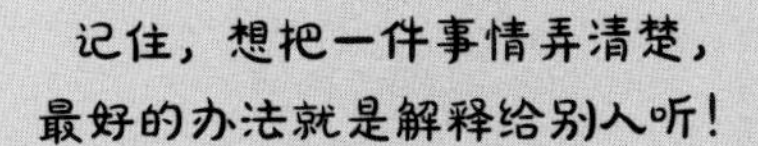
记住，想把一件事情弄清楚，
最好的办法就是解释给别人听！

地球是太阳系内
唯一一个有液态
水的行星！
宇宙的组成成分中，
绝大部分是神秘诡异
的暗物质和暗能量！

土星上下雨下
的是钻石！
宇宙大到我们根本无
法看到它的全貌！

哇哦！
！

站起来的时候，
脚下的时间比头
顶的时间过得慢。

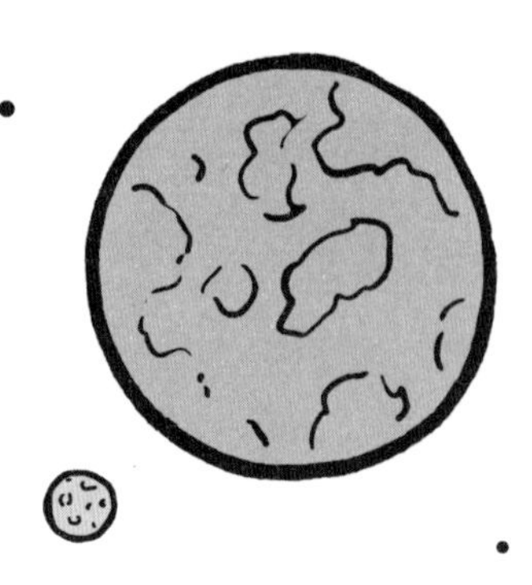

OLIVER

想了解更多吗?

可以选择以下网站和书刊查阅相关资料:

美国航空航天局(NASA)儿童专栏: spaceplace.nasa.gov

美国自然历史博物馆: amnh.org/explore/ology/astronomy

欧洲航天局(ESA)儿童专栏: esa.int/kids

《给忙碌青少年讲天体物理》(*Astrophysics for Young People in a Hurry*),[美]尼尔·德格拉斯·泰森、[美]格里高利·莫内著,纽约:诺顿青年读者出版社,2019。

《外太空》(*Outer Space*),[美]肯·詹尼斯著,纽约:小西蒙出版社,2014。

你也可以去当地图书馆看看!让图书管理员给你找找关于太空和宇宙的书和资料。我相信他们那里有很多。

GREAT BIG
UNIVERSE

致谢

非常感谢为本书科学内容的准确性保驾护航的所有科学家，感谢安德鲁·霍华德（真正的霍华德博士！）、凯蒂·麦克、菲利斯·惠特尔西、大卫·西纳布罗、朱莉·科默福德和马特·西格勒。感谢所有阅读过本书底稿的孩子和家长，感谢琳达·西蒙斯基、马特罗、莱拉、奥利弗的D&D小组、斯科特一家、罗德里格斯一家、霍华德一家、菲帕德一家、沃尔迪特一家。特别感谢霍华德·里夫斯和艾布拉姆斯团队，以及塞斯·菲什曼和格纳特团队。感谢苏利卡、埃莉诺和奥利弗（真正的奥利弗！），他们是我的灵感来源，也是我非官方的合作伙伴。

宇宙探险家
奥利弗
到访……
薯饼
星球！

关于作者

豪尔赫·陈（Jorge Cham）是一位轰动一时的艾美奖提名作家，从著名的PBS节目《埃莉诺想知道为什么》（*Elinor Wonders Why*）到成人非虚构类畅销书《一想到还有95%的问题留给人类，我就放心了》（*We Have No Idea*），再到热门播客《丹尼尔和豪尔赫为您解密宇宙》（*Daniel & Jorge Explain the Universe*），再到流行的网络漫画《博士不好当》（*PHD Comics*）。毫无疑问，他是个讲故事的专家！能以轻松有趣的方式为大家讲解世间万物。豪尔赫在斯坦福大学获得了机器人学博士学位，曾在加州理工学院的脑科学实验室从事研究工作，并担任讲师。他是书中“真正的奥利弗”引以为豪的老爸，奥利弗为本书和书中发生的许多故事带来灵感和启发。豪尔赫来自巴拿马，与家人住在加利福尼亚州的南帕萨迪纳市。